Coffee encyclopedia for traveling the world

世界を旅する コーヒー事典

José. 川島良彰

世界を旅するように学ぶ
コーヒーを楽しむための基礎知識

マイナビ

はじめに

この本は、単に世界中の生産国の情報を集めただけのガイドブックではありません。僕がこれまでに訪問したコーヒー生産国の中から、思い出深い産地や印象的な生産者や研究所をご紹介しながら、世界のコーヒーの歴史や文化を感じ、読者の皆さんと一緒に旅する事典です。

各国の情報をどこまで入れるかについては大いに悩み、また、栽培している品種を入れることも考えましたが、それは控えました。昨今のスペシャルティコーヒーブームの影響で、多くの生産国で在来種以外のゲイシャなど「その土地になかった目新しい品種」を植える傾向があり、中には人工交配までして自分の名前をつけて苗を売る生産者も現れました。またサビ病耐性品種の開発が進んでいる生産国では、メインの栽培種が次々と変化していきます。ブラジルの研究者と話した際には、栽培種は10年おきに変わるだろうと言われました。そうなると今後は「この生産国の栽培種はこれです」とは言えない時代が来るかもしれません。そんな現状も踏まえて、これは掲載しないことにしました。

この企画を提案されてから、過去の旅の出張報告書やメモ、写真をたくさん見返しました。懐かしさがこみ上げると同時に、我ながらよく本当にこれだけいろんな産地に行ったものだと思いました。ついでに一番よく利用するJALのサイトで生涯フライト記録を確認してみたら、生涯マイル204万マイル、生涯搭乗回数657回、地球82周、搭乗時間5443時間となっていました。実に僕の人生の226日は、JALの機内で過ごしたことになります。コーヒーの産地は乗り継いで行くところがほとんどで、その他の航空会社も多数利用していますから、少なく見積もっても1年以上は機内で生活していたと推測されます。

行く先々で多くの生産者との出会いがあり、その産地独特の農法やコーヒーの歴史・文化を教えてもらいました。また絶滅種を探しに行ったり、偶然珍しい品種と遭遇したりして、コーヒーの奥深さを実感してきました。これからもコーヒーの旅は続くでしょう。世界のどこかに、僕と出会うのを待っている生産者と、僕が見つけるのを待っているコーヒー樹があると信じ、それを空想してしまいます。

さて、それでは、世界のコーヒー旅に出掛けましょう。

2023年8月　José. 川島良彰

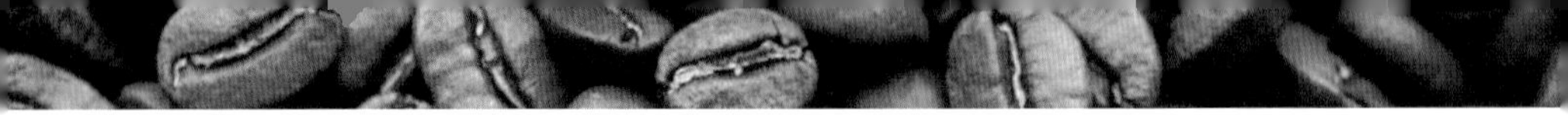

Introduction

コーヒーはどう作られるのか

美味しさの秘訣は完熟豆だけを使うこと

このページでは、そもそもコーヒーがどのように作られるかをアラビカ種を例に説明します。

コーヒーは種子を植えてから40〜45日で発芽し、双葉となり、そのあと本葉が出てきて、9か月〜1年経って苗として畑に植えられるようになります。植えてから2年で開花するケースもありますが、一般的には3年で最初の花が少し咲きます。5年目を過ぎると成木となり、枝にたわわにコーヒーチェリーをつけるようになります。

コーヒーは、一度開花して実がついた箇所にはもう花が咲きません。ですから、その年に伸びた枝の部分が次の開花と収穫を担います。それを繰り返していくと、やがて1年に伸びる枝の長さも限界に達します。先端に少しのチェリーをつけるだけの、生産性の悪い樹になってしまうのです。

そこで剪定をして、新しい幹を出させて若返りを図ります。この頻度や剪定方法は、気候や品種によって変わります。寒暖差が少なく気温の高い地域では5年〜7年おきに行い、逆の場合は成長が緩やかなので7年〜9年おきに剪定します。

皆さんは１haで何本のコーヒー樹が植えられると思いますか？

これは品種によって、また地形や農法によって変わります。ティピカやブルボンのように大きく成長する品種では２２００〜３５００本、カトゥーラやカティモールのようにコンパクトな品種では４０００本〜７０００本ほど植えられます。

生産する側としては、最低でも１本の樹で１ポンド（４５３g）、１haで１tの生豆を生産したい。それくらい生産しないと農園として成り立ちません。

そしてもうひとつ、１本のコーヒ

右／整然と苗が並ぶブルボン種の苗床。**左上**／土の中にいる線虫に強いロブスタ種を台木にして接ぎ木したブルボン種の苗。**左下**／苗をポットに移す作業。

ーの樹からは何杯分のコーヒーが収穫できると思いますか？

仮に1ポンドの生豆を焙煎したとすると、2割ほど目減りして約360gになります。1杯に10gを使って抽出したとすると、答えは「1本の樹で36杯分のコーヒーを生産できる」となります。

また、収穫に関してもコーヒーならではの特徴があります。

例えばバナナなら、硬い緑色の状態で収穫して日本に運ばれ、スーパーの店頭に並ぶまでに追熟して黄色くなりますが、コーヒーの場合は枝から摘んだ時点で止まってしまい、追熟はしません。

ですから樹上で完熟させる必要があるのです。完熟したコーヒーチェリーは、指でつまむとポタポタと甘いミューシレージ（粘液）が滴り落ちます。コーヒーがフルーツだと実感する瞬間です。

栽培環境にもよりますが、樹上で完熟させたコーヒーチェリーの糖度は、20度以上あります。以前グアテマラの標高2000mの畑で測った完熟豆は、糖度30度を記録したことがあります。

完熟豆だけを使ったコーヒーは、喉ごし滑らかで雑味やエグ味を感じませんし、冷めても美味しさを保ちます。つまり、コーヒーの雑味やエグ味は、未熟豆に起因しているというわけです。

完熟豆から滴り落ちるミューシレージ。甘くて美味しいミューシレージには、ポリフェノールがたくさん含まれている。

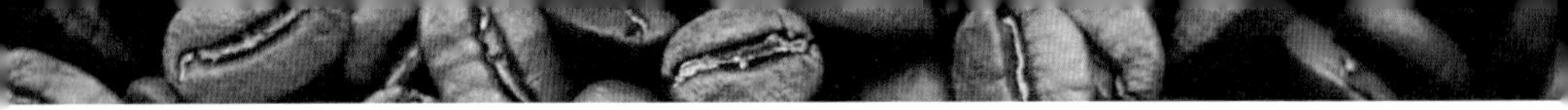

Introduction

覚えておきたい品種の知識

珍しさよりも気候風土に合う品種であることが重要

スペシャルティコーヒーブームが起きてから、コーヒー豆の品質への関心が高まり、農園の情報が重要視されるようになりました。その延長線上で品種に対する考え方も変わってきました。

品種ごとに畑を作る観念が薄く、数種類の品種を同じ畑に植える農家が多いのが現状ですが、高品質な豆作りを目指す生産者は単一品種で栽培するようになってきています。

また、2000年代に入ってパナマのゲイシャが突然有名になると、高値で売れるので多くの生産者がゲイシャを植え始めました。その結果、どこの産地に行っても「自分のゲイシャ畑を見せたい」とか、「買ってくれ」などと依頼を受けることが増えました。

それどころか、どう見てもゲイシャとは似ても似つかぬコーヒー樹をゲイシャと信じて栽培する生産者を何人も見ることもありました。また、「20種類以上のアラビカを植えて販売している」ことを自慢する農家に出会ったことも数回あります。そもそもどこから種子を入手したのか、果たしてそれが純正種なのか……といった保証もありません。

その不確かな品種同士を掛け合わせて交配種F1を作り、それに自分の名前をつけて得意げに商業栽培す生産者もいます。さらにその苗を他の生産者に販売までする農家もありました。出どころ不明のいい加減なコーヒーが流通し、消費者が高値で買わされることに不安を覚えます。

少しトレーニングを受ければ、コーヒの人工交配はそれほど難しいことではありません。しかしF1を作り、そこから選抜や交配を繰り返して種の固定をするまでには、十分な知識と膨大な時間が必要です。

最近は「珍しいコーヒー」のブー

ロブスタ種特有のチェリーのつき方。アラビカ種と違って枝にチェリーの房がどっさり連なるように実るので、ひと目見れば、すぐにそれと分かる。

品種によってコーヒーチェリーの色も、形も大きさも違う。これを見るだけでも、単一品種で畑を作る重要性が理解できる。

コーヒーの品種とその分類

原種	**もともと野生の種類** ティピカ、ブルボン、ゲイシャ、モカ、ロブスタ、コウリロウ、リベリゴなど
突然変異種	**栽培環境などに起因して遺伝子が変化した種類** ブルボン ポワントゥ、カトゥーラ、マラゴジッペ、パーカス、ビジャサルチ、パチェなど
自然交配種	**自然界で異種間交配がなされた種類** ムンドノボ、ハイブリッド ティモールなど
人工交配種	**人工的に異種間交配された種類** パカマラ、カティモール、サルチモール、タビ、トゥピ、オバタ、カトゥアイ、N39、KP423、S795、アラブスタなど
選抜種	**特定の有用な特性を持つ樹を選び、 それ同士の掛け合わせを繰り返して希望の特性を際立たせた品種** SL28、SL34、ケント、K7、TEKISICなど

ムです。珍しさ＝付加価値であると勘違いしている生産者と消費国のバイヤー、ロースターが増えました。困ったものです。

　その土地で長年栽培されてきた在来種は環境に合っているから根づいたのであり、産地特有の味の特徴を出しています。品種と栽培環境が合わないと、特性は発揮されません。つまり単純にゲイシャを植えさえすればいいのではないし、それが必ずしも土地の環境に適合するとは限りません。特にゲイシャという品種は、他より低温で湿度がある環境を好みます。また、風に弱いのも特徴です。

　コーヒーの品種は上記のように分類されます。自身の経験から学んだことですが、やはり原種は強いです。原種はもともと野生なので、例えば肥料をやらなくても何とか生き延びます。しかし人工交配種は、肥料をやらないとその影響がすぐに出ます。

Coffee encyclopedia for traveling the world

世界を旅する コーヒー事典

CONTENTS

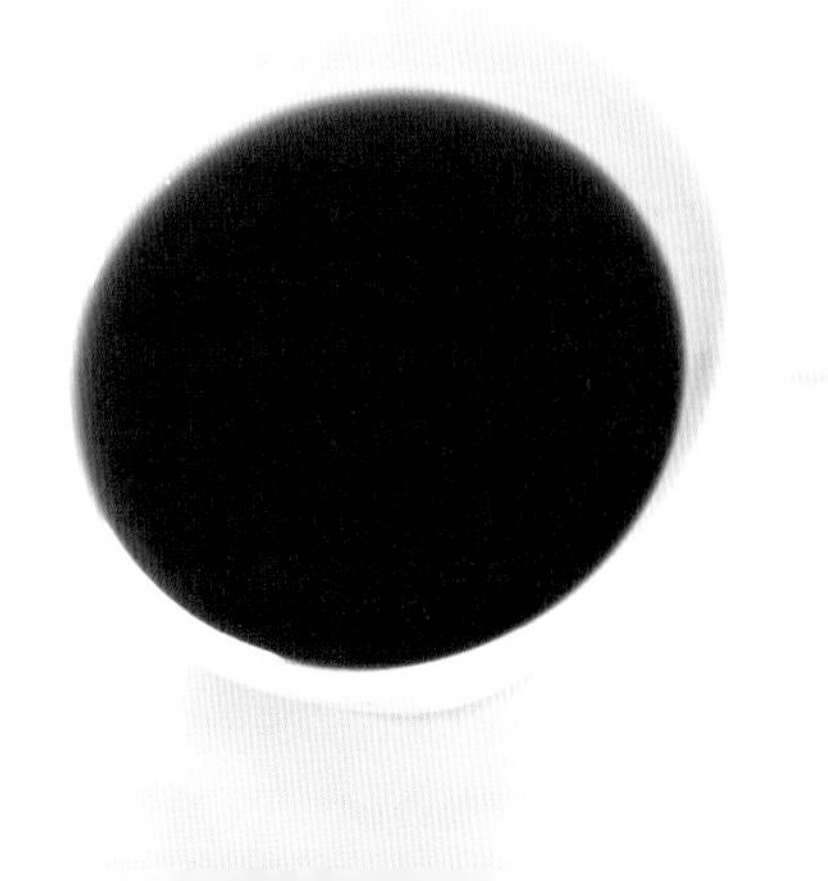

Coffee encyclopedia for traveling the world

世界を旅する

コーヒー事典

CONTENTS

Column

Bellavista un refugio para la
Vida Silvestre.
Somos la casa de 151 esp de aves
113 residentes, y 18 migratorias

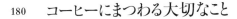

Part.1

世界のコーヒー産地

本章では世界各国・各地域のコーヒー事情を
長年にわたって実際に旅した僕の視点から紹介します。
コーヒーの栽培や生産に関することはもちろん、
その国の姿や抱える歴史、人々の生活なども合わせて
イメージを膨らませてみてはいかがでしょうか。

● 各国の基本データは主に外務省HPの資料などによります。またコーヒー総生産量はICO（国際コーヒー機関）が発表した2019～20年の統計で、1袋60kgの麻袋で換算された数値です。

世界を旅するコーヒー事典
Coffee encyclopedia for traveling the world

アフリカ・中東編

エチオピア／ケニア／タンザニア／ルワンダ／ブルンジ／マラウイ／ザンビア／アンゴラ／マダガスカル／レユニオン島／イエメン

コーヒーのルーツともいうべきこのエリアには
昔から有名な産出国・産出地が多くあります。
日本から遠くて具体的なイメージが
湧きづらいものの、自分が愛飲する
コーヒーの産地の景色に思いを馳せれば、
その味は、もっと美味しく感じられるでしょう。

モカの根源「モカ ハラー」の探求と美しいブルーナイル

エチオピア

Federal Democratic Republic of Ethiopia

エチオピア連邦民主共和国

DATA

首都	アディスアベバ
面積	109.7万㎢（日本の約3倍）
人口	1億1787万人（2021年、世銀）
言語	アムハラ語、オロモ語、英語、その他多数の言語
民族	オロモ人、アムハラ人、ティグライ人、ソマリ人など約80の民族
宗教	キリスト教、イスラム教など
主要産業	農業（穀物、豆類、コーヒー、油糧種子、綿、サトウキビ、ジャガイモ、チャット〈エチオピア原産の常緑広葉樹〉、花卉、皮革〈牛、羊、山羊〉）
通貨	ブル

コーヒー関連情報

主な産地	ジンマ、シダモ、ハラー、レケンプティ、イルガチェフェ
総生産量	734万3000袋（2019〜20年）
生産国ランキング	第5位

One Point

昨今ではシダモ地区の村名を冠した「イルガチェフェ」が有名。モカコーヒーの流れのひとつ「モカ ハラー」の起源となる国でもある。

初めてエチオピアに行ったのは1995年5月1日でした。

この日はタンザニアのキリマンジャロ空港から、ウガンダのエンテベ空港経由・アディスアベバ行きのエチオピア航空に乗りました。

途中のエンテベまでも案外時間が掛かるなあと思っているうちに、降下に入りました。「エンテベ空港は有名なビクトリア湖畔にある」という知識があり、湖を上空から眺めようと窓外を見ていたものの、ついに湖は見えずに着陸しました。

乗務員に「ここはエンテベか？」と尋ねたところ、「乗降客がいなかったからそのままアディスアベバに来た」とさらりと言われました。3時間近くも早く、最終目的地に着いてしまったのです。

エチオピア人民革命民主戦線が首都侵入してメンギスツ政権が崩壊してから4年しか経っておらず、その

首都の工場では、女性たちが独特の傾斜がついたテーブルでハンドソーティングをしている。現在、この作業に就労する人手不足が深刻な問題。

2年前にはエリトリアがエチオピアから分離・独立したばかり。初めて降り立ったアディスアベバの国際空港は至るところに兵隊が自動小銃を構えて警備に就いているなど、緊張感に満ちていました。

たぶん出迎えの輸出業者は来ていないだろう、と不安になりながら荷物が出るのを待っていると、空港のBGMが何と『港町ブルース』であることに気がつきました。その後もずっと日本の演歌が歌詞なしで流れていて、少し心強くなりました。あとで知ったのは、エチオピアの音楽が日本の演歌に似ていること。きっと日本に行ったエチオピア人が持ち帰ったレコードを、空港内で掛けていたのでしょう。

当時、外国人が泊まれる宿はヒルトンホテルだけでした。大きな掛け声と大勢の人が走る音で目が覚めて窓から通りを見下ろすと、数え切れ

最近はずいぶん彩りも美しくお洒落になったエチオピア料理。テフで作ったインジャラを、ちぎって中に挟んで食べる。

ないほどの人々が薄暗がりの中を走っていて驚きました。貧しくて教育を受けられない人々が、唯一海外に出て一攫千金を狙えるのが陸上競技であり、だからこそ真剣にトレーニングしているのだそうです。

外国人が行ける店も多くはありませんでした。薄暗いエチオピア料理店でウェイトレスが雑巾をテーブルに忘れて行ったと思ったら、それが穀物のテフで作った主食「インジャラ」でした。インジャラも、最近では盛り付けがきれいになりました。

また、衝撃だったのは、政府のコーヒー関係者と面談した時のこと。

僕が話していると、頻繁に上半身を揺らしてしゃっくりをするように息を吸い込むのです。身体の調子が悪いのかハラハラしたけれど、後でそれがエチオピア人の相槌だと知って安心しました。最近でこそ、若いエチオピア人はこんな相槌は打たな

右／雑巾と間違えられそうな、昔ながらのレストランのインジャラ。**左**／焙煎から始めるエチオピアの伝統的なコーヒーセレモニー。

くなりましたが……。

ジンマとシダモという産地を訪問した後に、旅の一番の目的である「モカ ハラーコーヒー」探求に乗り出しました。コーヒー界でお馴染みのモカにはエチオピアのハラーとイエメンのマタリがあり、その違いを調べたかったのです。

アディスアベバから500km近く離れたハラーの中心地ディレ・ダワまでは10時間の陸路移動。乾いた大地の未舗装路を延々と走り、時々、焼け焦げた戦車や、ライフルを携えた遊牧民に出くわします。

当時のエチオピアコーヒーはジンマ、シダモ、ハラー、レケンプティの各エリアで分類されていて、それ以外の地域のコーヒーはすべてジンマに含むという扱いでした。

最近の流行りで日本の珈琲店でもよく目にする「イルガチェフェ」はシダモ地域にある村で、当時はシダモの扱いでした。ハラー以外のコーヒーはすべて首都・アディスアベバのオークションで取引され、ハラーだけは東部のディレ ダワでオークションにかけられていました。

同国のコーヒー研究の要である農業局コーヒー研究所（Institute of Agriculture Coffee Research Station）の本部がジンマにあり、全国6か所に支所がありました。

その後も度々エチオピアに行きましたが、99年の訪問は特別でした。

「標高4000mの台地を越えた先にある野生のコーヒー」

「北部のタナ湖に浮かぶ島にエチオピア正教の修道院があり、その裏庭に修道士たちが植えたコーヒーが素晴らしいアロマを発する」

このふたつの情報が、当時僕が勤めていた会社にエチオピアからもた

右上／ブルーナイルはタナ湖から流れるこの滝から始まる。**右下**／ハンドソーティングをする女性たち。**左上**／中央に無造作に山積みされた生豆。**左下**／エチオピア正教の壁画。古い教会は各地に残っており、一見の価値がある。

らされたのです。この手の怪しい話は信用せず無視すべきだと言いましたが、会社からは「どうしても調査に行って欲しい」と頼まれました。

経由地のドイツ・フランクフルトの観光で僕はインフルエンザに感染してしまったらしく、到着したアディスアベバで発症し、高熱で苦しみました。「まさかマラリアでは？」と心配して日本大使館の医務官がわざわざホテルまで診察に来てくれて、奥様が作ってくれたおむすびと魔法瓶に入った味噌汁を頂いて、美味しさと安堵感に浸ったことを今でも思い出します。

診断結果はやはりインフルエンザで、薬をもらってホテルで休みました。とはいえ、いつまでも寝てられないので、38度まで熱が下がったところで陸路での4000mの山越えを敢行しました。熱と気圧で朦朧としながら車窓を見ると、何とエチオ

上／熱でフラフラになりながら原っぱのような空港に到着後、四輪駆動車に乗り換えて4000mの山越えをした。左／ディレ・ダワに向かう道中で出合った、破壊されたソ連製戦車をバックに。

ピアン・レッドウルフが並走しています。名前こそ知っていたものの、「まさか野生の狼をこんな間近で見られるとは！」と感動しました。

　そしてやっとの思いでたどり着いたのは、結局、野生ではなく単に放棄されただけのコーヒー畑。野生の狼には遭遇できたけど、野生のコーヒーは紛《まが》い物。

　その後は同じ案内人と飛行機を乗り継いで、北部のタナ湖に向かいました。大きな滝があり、それがブルーナイルの源流です。ビクトリア湖から流れ出すホワイトナイルとスーダンで合流すると聞き、大河が国をまたぐ壮大さに驚きました。

　こちらのコーヒーも残念ながら特に際立ったものとは言えなかったけれど、ブルーナイルの源流を見られたことと、エチオピア正教に関する知識がついたことが僕にとっての収穫でした。

アディスアベバに本部のあるアフリカ連合本部正門で記念撮影。さすがに警備が非常に厳重だった。

　2007年2月には、アディスアベバで開催された東アフリカファインコーヒー協会（EAFCA。現在は東が抜けてAFCAに改名）の年次総会に招かれました。アフリカ55か国が加盟する世界最大級の地域機関・アフリカ連合（African Union）の立派な会議場で講演したのも、僕にとっては懐かしい思い出です。

フランス人宣教師がレユニオン島から持ち込んだのが起源

ケニア

Republic of Kenya

ケニア共和国

DATA

首都	ナイロビ
面積	58.3万km²（日本の約1.5倍）
人口	5300万人（2021年、世銀）
言語	スワヒリ語、英語
民族	キクユ族、ルヤ族、カレンジン族、ルオ族、カンバ族など
宗教	伝統宗教、キリスト教、イスラム教
主要産業	コーヒー、紅茶、園芸作物、サイザル麻、除虫菊、食品加工、石油製品、砂糖など
通貨	ケニア・シリング

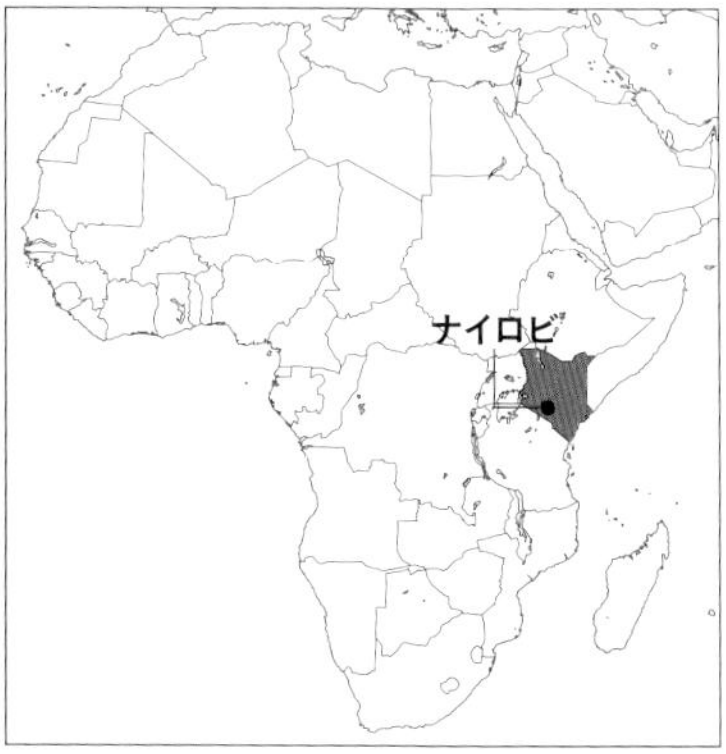

コーヒー関連情報

主な産地	ニエリ、キアンブ、ケニア山周辺、ナイロビ周辺
総生産量	84万4000袋（2019～20年）
生産国ランキング	第16位

One Point

フランス人宣教師がもたらしたブルボン「フレンチ ミッション種」に始まり、1920年代から本格的にプランテーションが開発された。

ケニアで生まれた人工交配種でサビ病に耐性があるルイル11の品質の評判がヨーロッパや日本市場において思わしくなく、その原因を調べるために、1995年にケニアを初めて訪問しました。

この時、僕は生まれて初めて世界一周チケットで旅をしました。ハワイ島コナからホノルルに飛び、その後ミズーリ州セントルイス、イギリス、ケニア、タンザニア、エチオピア、ドイツ、ポルトガル、日本、ハワイとほぼ1か月の長旅でした。この旅で世界一周チケットが意外に割安だと分かり、その後何回も利用するようになりました。世界のコーヒー産地を飛び回る仕事には、もってこいのチケットです。

ケニアの首都ナイロビの印象は、のんびりしたコナに住んでいた僕にとっては、賑やかで慌ただしい街に見えました。イギリスの植民地時代

右上／コンテナへのコーヒーの積み込み作業。担ぐコツがあるとはいえかなりの重労働だ。**右下**／色鮮やかなナイロビのバザール。**上**／生豆のハンドソーティング。生産国ごとに、大きく分けてテーブル式やベルトコンベア式などとやり方の違いがあり、また、テーブル式に関しても国によってそれぞれに特色がある。

に渡ってきた印僑たちが多く住んでいて、ゆえにナイロビで一番美味しかった食べ物はカレーだったというのも印象的です。

　1899年、ナイロビのキリスト教の教会に、フランス人宣教師がレユニオン島からブルボン種を持ってきて植えたのが、ケニアコーヒーの始まりと言われています。ですから最初に植えたブルボン種は、フレンチミッション種と呼ばれていました。1920年代に入り、ヨーロッパ人が本格的にコーヒープランテーションの開発を始めました。

　ケニアコーヒー院（CBK）を訪問し、ルイル11の話を聞こうとしましたが、CBKはこの件に非常にナーバスで、品質の問題はまったくないと取り合ってくれませんでした。この栽培種を作ったコーヒーリサーチ財団（CRF）への紹介を依頼しましたが、「行く必要がない」とまで言われて断られてしまいました。

　そこで当たって砕けろでアポ無しでタクシーに乗ってCRFを訪ねたところ、ちょうど遺伝子の担当研究員が在勤中で、非常に親切に、詳しく説明してくれました。そして東アフリカでは、サビ病よりもCBD（コーヒーの実に付く病気）の方が深刻な問題で、ルイル11はその両方に耐性があることを知りました。

　ケニアで生まれた選抜種SL28とハイブリッドティモールを交配させる実験が1972年に始まり、85年からは実際にルイル11の農家での栽培が始まったそうです。

　畑も見せてもらいましたが、均一性に欠けており、種として固定されていないと察しました。それが品質にも出てしまったのではないかというのが僕の見解です。

　とはいえ、現在では安定した品質のコーヒーを生産しています。

北部キリマンジャロ産が有名だが、産地は南部にも

タンザニア

United Republic of Tanzania

タンザニア連合共和国

DATA

首都	ドドマ(法律上の首都。事実上の中心地はダルエスサラーム)
面積	94.5万km²(日本の約2.5倍)
人口	6100万人(2021年、世銀)
言語	スワヒリ語(国語)、英語(公用語)
民族	スクマ族、ニャキューサ族、ハヤ族、チャガ族、ザラモ族など、約130の民族
宗教	イスラム教(約40%)、キリスト教(約40%)、土着宗教(約20%)
主要産業	農林水産、鉱業、製造業、建設業、サービス業など
通貨	タンザニア・シリング

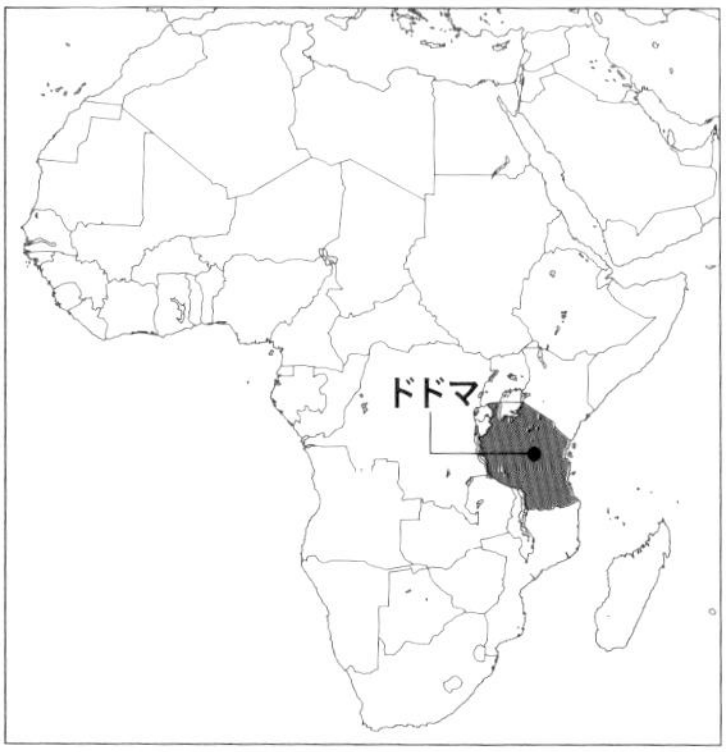

コーヒー関連情報

主な産地	キリマンジャロ山周辺、ンゴロンゴロクレーター周辺、キゴマ、ムビンガなど
総生産量	92万6000袋(2019〜20年)
生産国ランキング	第15位

One Point

キリマンジャロは日本でも有名。1893年にフランス人宣教師がキリマンジャロ山麓キレマ村の教会にブルボン種を植えたのが始まりだ。

既に有名ブランドとなっていた北部のキリマンジャロコーヒーと、南部の新しい産地ムビンガの両方を調査するために、1995年、初めてタンザニアを訪問しました。

ケニアのナイロビから陸路でタンザニア北部のコーヒーの中心地モシを目指して300km以上を走破、雄大な大地と徐々に見えてくる冠雪のキリマンジャロ山に心が躍りました。

当時のタンザニアのコーヒーは、ケニア国境付近の北部（モシ、アルーシャ）、ブルンジとザイール（現コンゴ民主共和国）国境に近いキゴマ、ザンビア国境に近い南西部ムボジ、マラウイ国境に近い南部ムビンガでアラビカ種が、また、北西部ヴィクトリア湖畔のブコバでロブスタ種の栽培が行われていました。

モシでは農家と精選工場を訪ね、すべてのタンザニアコーヒーのオークションを行うカハワハウスで取引

タンザニア独立の際、社会主義政権に接収されることを恐れたドイツ人移住者がキリスト教修道院に売った農園。コーヒー園は子どもたちの通学路だ。

を見学しました。観光的にはキリマンジャロ登山の入口で、シェルパを雇って登頂を目指す世界各国の山男たちがいたのが印象的でした。

その後はダルエスサラームへ。タンザニアが旧ドイツ領だと分かる建物が多い港町です。

ここで南部の産地を案内してくれるコーヒー輸出業者と合流。ドイツが第一次世界大戦で敗退し、タンザニアはイギリスの委任統治領になりました。英領インドから印僑が入ってきた影響で、ダルエスサラームにはインド系のビジネスパーソンが多くいます。案内してくれたコーヒーの輸出会社の社長も印僑でした。

彼の家に泊まり、翌日彼の小型機で南部の町ソンゲアを目指しました。操縦士は完璧なイギリス英語を話すインド系社員で、快適な2時間半の旅でした。小型機なので低空を飛び、ジェット機では味わえないアフリカ

現在はタンザニア人修道女たちが、毎日、美味しいコーヒー作りに励んでいる。この地域は交通手段がないために就学できない子どもが多いが、5年ほど前に寄宿生の女子中・高等学校が園内に設立された。厳しい予算の中でも、訪問する度に目に見える進化があり、尊敬する施設のひとつだ。

大陸の景色を堪能しました。

ソンゲアからは車で１００km離れたムビンガへ。キリスト教団体がイギリスの建設会社に発注して街作りを始めた場所で、水道がようやく開通、電気はありませんでした。

南部は新興産地と思い込んでいましたが、実は１９３６年からコーヒー栽培が始まっていました。とはいえさほど大きくは成長せず、後に欧州経済共同体（ＥＥＣ）の援助によって77年から始まった産業育成プロジェクトで増産体制に入りました。

コーヒー畑で樹をかき分けて歩き、突然開けた視界からマラウイ湖が見えた時は感動しました。

南部の気候や土壌ならではの独特なコーヒーとしてのブランドの確立を期待しましたが、政府はいつの間にかブコバで取れるロブスタ以外のアラビカ種すべてを「キリマンジャロ」と名乗るよう変更してしまいま

右上・左下／1893年に植えられたブルボンの樹とチェリー。**右下**／フランス人宣教師のお墓の前で修道院長と。**左上**／キレマ教会の前で小学生と。

した。これは本当に愚策です。

その後何度もタンザニアを訪問しましたが、常に気になっていたのは「真の」キリマンジャロコーヒーです。現地調査の結果、1893年にフランス人宣教師がレユニオン島から持ってきたブルボン種の種を、キリマンジャロ山麓キレマ村の教会に植えたのがタンザニアコーヒーの始まりだと分かりました。信頼するコーヒー関係者の親友を頼って、僕はそのマザーツリーを探しに行きました。

当時はキレマがキリマンジャロ山麓で栄えていた町のようで、とても立派な教会が現存していました。そして何と、目的のマザーツリーは生き延びていて、それを植えたフランス人宣教師の墓までありました。

ついに「これこそが本物のキリマンジャロコーヒーだ」と突き止めて、教会周辺の小農家からコーヒーを集めて日本に紹介しました。

苦難の大虐殺を乗り越えてブルボン ミビリジを栽培中

ルワンダ

Republic of Rwanda

ルワンダ共和国

DATA

首都	キガリ
面積	2.63万㎢（島根県約4個分）
人口	1263万人（2019年、世銀）
言語	ルワンダ語、英語（2009年に公用語に追加。フランス語に代わり教育言語に）、フランス語、スワヒリ語
民族	フツ、ツチ、トゥワ（ルワンダではこれらを示す身分証明書は廃止）
宗教	キリスト教（カトリック、プロテスタント）、イスラム教
主要産業	コーヒー、紅茶
通貨	ルワンダ・フラン

コーヒー関連情報

主な産地	西部のカロンギ、ルシジ、ルバブ、南部のフイエ、ニャマガベ、北部のガケンケ、ルリンド
総生産量	34万8000袋（2019～20年）
生産国ランキング	第26位

One Point

宗主国からの独立が遅かったアフリカ諸国の例に漏れず、栽培技術が伝承されてこなかったが、ブルボン ミビリジに期待したい。

日本貿易振興機構（JETRO）の依頼で初めてルワンダに行ったのは2012年2月でした。日本市場にルワンダコーヒーを紹介することをJETROが企画し、その現地調査を依頼されたのです。

ルワンダといえば1994年に起きた、フツ族によるツチ族の大虐殺が有名です。3か月の間に80万人のツチ族と、虐殺に加担しなかったフツ族の人たちが殺された悲しい歴史です。ですから、ルワンダに行くと決まった時は家族や会社の人たちや友人から「大丈夫か？」と心配されましたし、僕自身も不安でした。が、何かあっても、過去の経験でどうにかなると思っていました。

実際、ルワンダの首都キガリの空港に着いて拍子抜けしました。ケニアのように入国審査や税関で難癖をつけられたり、たかられることもありませんでした。また、街並みもき

ケニア資本の精選工場に買い叩かれることに対抗し、小農家が集まって設立したキブ湖畔の農協の精選工場。技術指導をしたが残念ながら途中で破綻してしまった。

れいで秩序が保たれていました。

後から知ったのですが、毎月最終土曜日の午前中は、大統領も大臣も、健康な国民は全員外に出て社会奉仕をする「ウムガンダ」という決まりがあり、それゆえ誰もゴミを道路に捨てないから、裏道すらもゴミがなく、きれいだったのです。

僕の知る限り、世界のコーヒー産地で一番ゴミの落ちていない国です。治安も最高レベルで深夜に街を歩いても安全。この国で大虐殺があったとは到底信じられない平和さです。

さて、肝心のコーヒーは、残念ながら非常に遅れていました。ルワンダにコーヒーが持ち込まれたのはドイツの保護領時代。ドイツ人のキリスト教宣教師がコンゴからコーヒーを伝播させたと言われています。

コーヒーは、アフリカ原産の植物ですが、現在アフリカで生産されるコーヒーは世界の約12％前後で、中

右上／のんびりとした田舎の風景。**右下・中下**／人懐っこい子どもたち。**左上**／種蒔きから指導を開始。**左下**／名物のヤギのブロシェット(串焼き)。

南米が60%以上を占めます。

中南米との差は、コーヒー栽培が始まった時の社会制度の違いの表れだと思います。中南米にコーヒーが伝わったのはスペインやポルトガルから独立してから。つまり自分の土地を持った農民が、19世紀からコーヒー栽培を続けてきたのです。

しかしアフリカ諸国がヨーロッパの宗主国から独立したのはだいぶ遅い、1960年代のこと。それまでアフリカの人々は、ヨーロッパ人の経営する農園で奴隷のように働かされるか、小作人として強制的にコーヒー栽培をさせられてきました。それゆえ、コーヒー栽培の歴史は古いにもかかわらず、今の生産者に技術が伝承されていないのが現実です。

ルワンダでも、ドイツ領時代は教会が農民にコーヒー栽培を指導していましたが、宗主国がベルギーに変

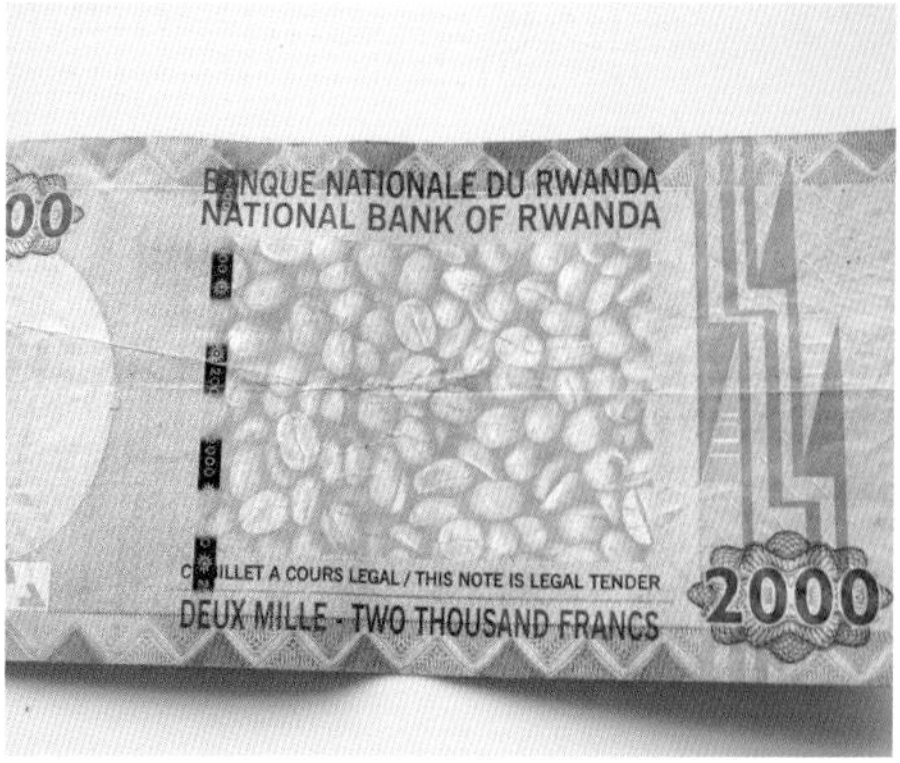

右／コーヒーより紅茶をよく飲む国民性ながら、紙幣にはコーヒー豆の模様が入っている。**左／**コーヒーチェリーの麻袋運搬用に開発された自転車。

わると農奴のような扱いに。命令通りやらないと鞭で叩かれるような状態が続きました。年配の人から時々「コーヒーは悪魔の飲み物」とか「嫌な思い出しかない」と聞かされるのは、そうした歴史ゆえです。

さらに、ルワンダ人が一般的に飲むのは、紅茶に砂糖とミルクとジンジャーを入れたアフリカンティー。茶畑はレイアウトも管理も十分なのに、コーヒー畑でまともなものはひとつもありませんでした。農民自身がコーヒーを飲まないから、栽培や品質に関心も熱意もなく、こうした差が出るのでしょう。開発から始める必要を感じ、JICAが担う『ルワンダコーヒー　バリューチェーン強化プロジェクト』が生まれました。

ルワンダ政府は、サビ病に耐性があって高収量の栽培種を植えることを望みましたが、僕は、「内陸国で陸送運賃が余分に掛かる知名度の低いルワンダコーヒーが、他国同様の栽培種で挑んでも市場には受け入れられない。ルワンダの特産品を作るように」と説得しました。そして文献や歴史を調べてたどり着いたのが、ブルボン　ミビリジという品種。

僕がいたエルサルバドルの研究所の実験区にあったので品種自体は知っていましたが、名前の由来がルワンダ南西部のミビリジ村だとは初めて知りました。昔ドイツ人宣教師がミビリジ教会の裏に植えたコーヒーが非常に品質がよく、品種名になったそうです。特産品としてこれ以上の条件はありません。現在、品質のいい3タイプのブルボン　ミビリジの葉を組織培養してクローンを作り、国内8か所で栽培実験中です。

余談を言えば、名前こそブルボン　ミビリジですが、実際はブルボンではなくティピカに近い品種だと僕は思っています。

治安はいまひとつだがコーヒー栽培の熱意に期待したい

ブルンジ

Republic of Burundi

ブルンジ共和国

DATA

首都	ブジュンブラ（政治機能所在地はギテガ）
面積	2.78万㎢（北海道の約1/3）
人口	1153万人（2019年、世銀）
言語	キルンジ語、フランス語（以上公用語）
民族	フツ、ツチ、トゥワ
宗教	キリスト教（カトリック、プロテスタント）
主要産業	金、コーヒー、紅茶など
通貨	ブルンジ・フラン

コーヒー関連情報

主な産地	北部のンゴマ、カヤンザ、中西部のギテガ、ンゴジ、カルシ
総生産量	27万2000袋（2019〜20年）
生産国ランキング	第29位

One Point

ルワンダの南隣り、国より長い全長673kmのタンガニーカ湖の北東端に接するのがブルンジ。熱心な人々ゆえコーヒー栽培のポテンシャルは高い。

２０１２年にルワンダのコーヒープロジェクトに着手して数年後、東京の僕の会社に日本の外務省から電話が掛かってきました。

「訪日中のブルンジの政府高官があなたに会いたいと言っているので、会社を訪問させてくれませんか。ところで、あなたは誰ですか？」

訪ねてきた高官曰く、「あなたはルワンダを何度も訪問してコーヒー産業のサポートをしているが、なぜブルンジには来ないのか？ ブルンジはルワンダから飛行機で40分しかかからない。ぜひ来て欲しい」。

ルワンダはＪＩＣＡからの依頼で行っているので勝手にブルンジには行けない、正式なルートで要請するように、と説明し、コーヒーをご馳走して帰ってもらいました。しかし当時のブルンジは政治的に非常に不安定で治安も悪く、ＪＩＣＡのブルンジ事務所スタッフも隣国ルワンダ

右上／ワークショップの後で迫力ある民族舞踊を見せてもらった。**右下**／タンガニーカ湖畔でランチ。大きな湖で、まるで海辺にいるようだった。**中**／初めて見た播種用の真っ黒な種子。殺菌のために炭をまぶしているとのことだが、効果があるのかは疑問。**左上**／ブルンジの産地の風景。

に避難してその首都キガリの事務所から見ていたほどなので、この時は実現しませんでした。

　その後ブルンジを初めて訪問できたのは、２０２２年10月のこと。キガリから商業の中心地・ブジュンブラに飛行機で入りました。治安が非常にいいキガリから来ると、ブジュンブラでは建物の入口には武装した警備員がいて、壁の上部にはガラスや鉄条網を設けて外からの侵入を防いでいたりして、治安の悪さを感じました。しかしコーヒー関係者と話をすると、誰もが非常に明るく、コーヒーへの関心も高くて質問攻めに遭いました。

　２日目にはコーヒー産地のンゴジで、ブルンジコーヒー開発公社主催のフィールドワークショップに参加しました。近隣の生産者数百人が集まり、公社の技術普及員が植えつけ方法や農薬噴霧のデモンストレーションを行いました。

　驚いたのは、公社の総裁が自ら穴を掘ってコーヒーの苗を植えたこと。アフリカで政府の役人が手を汚すのを見たことがありません。

　それが、ここでは公社のトップ自ら土にまみれていたのです。その後に国内の他の産地も訪問しましたが、皆とても熱心で、なかなか帰してもらえませんでした。「この国のコーヒーのポテンシャルは高い」と肌で感じた旅でした。

　また、ブルンジは東アフリカの中では地元料理が一番美味しいと思います。タンガニーカ湖で獲れるムケケの塩焼きは、サンマのようで美味しかったです。

　ちなみにそのタンガニーカ湖は、強いアルカリ性の湖水ゆえ住血吸虫はいないという話を聞いたことがありますが、基本的にアフリカの湖沼では泳がないようにしています。

コーヒー栽培の歴史はイギリス時代からと古く、若者の多い国

マラウイ

Republic of Malawi

マラウイ共和国

DATA

首都	リロングウェ
面積	11.8万㎢（日本の約1/3）
人口	2041万人（2022年、世銀）
言語	チェワ語、英語（以上公用語）、各民族語
民族	バンツー系（主要民族はチェワ、トゥンブーカ、ンゴニ、ヤオ）
宗教	キリスト教（約75%）、イスラム教、伝統宗教
主要産業	たばこ、メイズ（トウモロコシの一種）、茶、綿花、ナッツ、コーヒー、繊維、石鹸、製靴、砂糖、ビール、マッチ、セメント
通貨	マラウイ・クワチャ

コーヒー関連情報

主な産地	チティパ、ムズズ、コタコタ、ンタジャ、マコカ、チョロ
総生産量	1万6000袋（2019～20年）
生産国ランキング	第45位

One Point

欧米諸国の協力によるプロジェクトで1990年代から本格的にコーヒー栽培が加速される。若者ばかりの国ゆえ今後の発展に期待したい。

１９９９年にマラウイ政府からの依頼があって、コーヒーの調査に行きました。国土は日本の１／３くらいの大きさで、アフリカ大地溝帯に位置する内陸国。南北に細長いマラウイ湖の西側に寄り添うようにある国です。

政府農務省のコーヒー担当官と北部で合流し、１週間かけて産地を巡りながらマラウイ湖畔を南下、最後に首都リロングウェに着きました。

１８９１年にイギリス保護領となってコーヒー栽培が始まり、１９６４年に独立、90年代にはコーヒー産業への海外からの支援も始まりました。僕を案内してくれた担当官はアメリカ農務省（ＵＳＤＡ）のプロジェクトを担当している人で、彼らが支援する各地の農協を訪ねました。

とても親切な人でしたが、クセのある英語で珍道中でした。延々と湖畔の道路を南下するも、「途中の一

マラウイ湖から首都リロングウェへ至る田舎道。国土はアフリカの大地溝帯（グレート・リフト・バレー）南端、巨大な湖の西岸にある。

部は道路が悪いので船の方が早い」と言われ、中型の貨物船に乗ることに。こんなに乗って大丈夫かと心配になるほど、地元の人が大勢乗っていました。目的地の港に着くと農協の人が迎えに来ていて、仕事が終わった夜に我々の車が到着しました。

途中でEUが支援する農協を訪ねた時、そこには〝見えない境界線〟がありました。担当官が「ここから先は歩いて行ってくれ」と言い、僕を車から下ろすのです。

歩いて行くと数十m先にちゃんと農民が待っていて、それはよかったのですが、EUのプロジェクトの素晴らしさと、USDAプロジェクトの批判を散々聞かされました。こんな田舎でもヨーロッパとアメリカの綱引きがあるのだと実感しました。

自分の左側に延々と続くマラウイ湖畔を毎日ひたすら走り、担当官との話題も尽きてしまった頃、右手に大きな沼が見えました。

沼の真ん中に島が見えたので、島には何か生き物がいるのかと尋ねたら、担当官は「ピーポー（人）」と答えます。あんなところにも人が住んでいるんだと驚いて、電気はあるのか？水はあるか？学校は？と僕は矢継ぎ早に聞きました。

彼は呆れた顔をして「そんなものがあるわけないだろう」と言い放ちました。彼が言っていたのは、「ヒポ（カバ）」だったのです。

カバの電気や学校を心配して変な日本人だと思ったことでしょう。その後、長い沈黙が続きました。

マラウイは若い国でした。歴史が若いという意味ではなく、平均寿命が短くて年寄りをあまり見かけないのです。当時はエイズが蔓延し、特にマラウイでの感染者が多く、エイズへの恐怖心で新生児の出生率も落ちていると説明を受けました。

オランダ出身の元気な農園主が作るコーヒーの思い出

ザンビア

Republic of Zambia

ザンビア共和国 

DATA

首都	ルサカ
面積	75.3万㎢（日本の約2倍）
人口	2001万人（2022年、世銀）
言語	英語（公用語）、ベンバ語、ニャンジャ語、トンガ語
民族	73部族（トンガ系、ニャンジャ系、ベンバ系、ルンダ系）
宗教	8割近くはキリスト教。ほかにイスラム教、ヒンドゥー教、伝統宗教
主要産業	鉱業（銅、コバルトなど）、農業（トウモロコシ、タバコ、綿花、大豆）、観光業
通貨	ザンビア・クワチャ

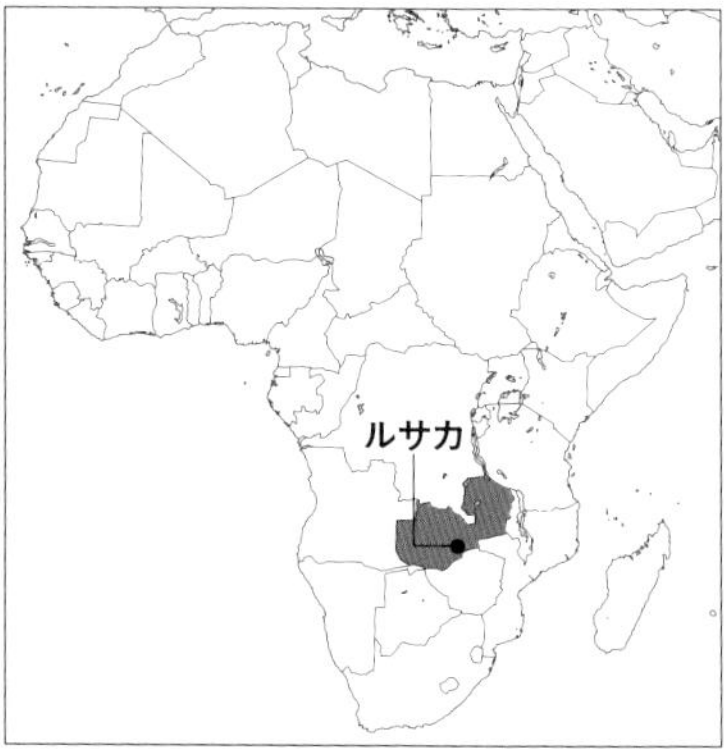

コーヒー関連情報

主な産地	首都ルサカ周辺、カサマ、イソカ
総生産量	1万5000袋（2019～20年）
生産国ランキング	第46位

One Point

数少ない筆者未踏のアラビカ生産国だが、熱心な農園主がいるのでいつか訪ねたい。ザンビアとジンバブエにまたがるビクトリア・フォールズも有名だ。

僕は、ザンビアを訪れたことがありません。しかしザンビアコーヒーには、強い思い出があります。2006年に隣国タンザニア・キリマンジャロ山の南西にあるアルーシャで東アフリカファインコーヒー協会（EAFCA）の年次総会と展示会が催され、講演依頼を受けました。その時に出会ったのが、ザンビアのコーヒー生産者ウィリエム・ルブリンコフさんでした。忘れがたい生産者のひとりです。オランダ出身の60代の農園主で、会議場で仲良くなり、展示会の彼のブースに立ち寄るようにと言われました。

コーヒーのサンプルが置かれたブースの後ろには自転車が。「なぜ自転車？」と尋ねると、何とザンビアから自転車で来たというのです。

そんなに近かったかな？ 頭の中にアフリカの地図を思い浮かべますが、近いわけがありません。ザンビ

EAFCA展示会場のMUNALI COFFEEブースにて、オーナーのウィリエムと奥さん、自転車で同行した友人とスタッフ。とっても楽しい一家だった。

ウィリエムはザンビアからのツーリングの写真を見せながら、楽しそうに説明してくれた。ザンビアから2000km自転車で走り、標高5895mのキリマンジャロの頂に立ち、数日後に展示会に出展するとはすごい体力の持ち主だ。奥さんも自転車で来たのかと尋ねたら、「自分はそんなことは絶対しない。飛行機で来た」と言っていた。

アの首都ルサカからここアルーシャまでは２０００km以上。しかし彼は本当に自転車で来たと言って、嬉しそうに写真を見せてくれました。

なるほどヨーロッパの人は考え方が違うと納得しました。彼が走る自転車の後ろを四輪駆動車がプロテクトしながら走り、夕方になるとスタッフがテントを張って食事を作る。彼を凄いと思ったのは、ＥＡＦＣＡ開催１週間以上前にキリマンジャロ南麓のモシに到着するように予定を立てて、キリマンジャロの山頂にまで登ってきたというのです。

本当に元気な生産者でした。彼からもザンビアに来るよう熱心に勧められましたが、いまだに訪問を果たせていません。彼の農園と世界三大瀑布のひとつビクトリア・フォールズはぜひとも行ってみたい。

あの時彼からもらったデミタスカップは、今でも家で使っています。

ポルトガル領時代はアフリカ最大のコーヒー産地だった

アンゴラ

Republic of Angola

アンゴラ共和国 

DATA

首都	ルアンダ
面積	124.7万km²（日本の約3.3倍）
人口	3558万人（2022年、世銀）
言語	ポルトガル語（公用語）、ウンブンドゥ語など
民族	オヴィンブンドゥ族、キンブンドゥ族、バコンゴ族など
宗教	カトリック、プロテスタント、在来宗教など
主要産業	石油、ダイヤモンド、トウモロコシ、フェイジョン豆、砂糖、コーヒー、サイザル麻
通貨	クワンザ

コーヒー関連情報

主な産地	クワンザ ノルテ、ベンゲラ、ウアンボ、ウイジ、ルンダ ノルテ、マランジェ
総生産量	5万2000袋（2019〜20年）
生産国ランキング	第38位

One Point

古くはブラジル、コロンビアに次いで世界3位の産出国だったものの、現在は衰退。コーヒー関連の研究所にいるアンゴラ人がその歴史を想わせる。

僕は、アンゴラには行くチャンスがありませんでした。アンゴラではコーヒー栽培はしているの？と聞かれてしまいそうですが、ポルトガルの植民地時代はアフリカ最大でブラジル、コロンビアに次ぐ世界3位のコーヒー生産国でした。

今では知らない人も多いでしょうけれど、僕が高校生くらいの頃までは「ロブスタコーヒーと言えばアンゴラ」と言われるくらいの有名なロブスタの産地でした。その多くは、宗主国ポルトガルから移住した人々が生産していました。

1950年代から独立運動が起こり、ポルトガル軍と長期に渡る独立戦争が続きました。75年には独立を果たしましたが3派の主導権争いが始まり、さらに利権を得ようとするアメリカ、ソ連、中国が入り乱れてそれぞれの背後について内戦は長期化。残念ながら、今では忘れ去られ

ルアンダ郊外にあるミラドゥロ・ダ・ルア。名前は「月が見える場所」という意味で、
無数の岩が屹立する光景を高台から望む観光スポットだ。

た生産国になってしまったというわけです。

いつか訪れたいと思いながら果たせませんでしたが、1995年5月にポルトガル・リスボン郊外のサビ病研究所(CIFC)を訪問した際には、多くのアンゴラ人研究者が働いていて感動しました。植民地時代に宗主国に留学し、将来アンゴラのコーヒー産業を担っていくはずだった研究者たちが、祖国が荒廃しコーヒーが廃れてしまったためにポルトガルに残り、サビ病の研究を通じて世界のコーヒー産業に貢献していました。

首都ルアンダのベイエリアは高層ビルが立ち並ぶ近代的な街。

Column

01

ポルトガルのサビ病研究所

コーヒー栽培の大敵のひとつがサビ病です。世界唯一の専門研究機関が大航海時代に栄えたポルトガルのリスボン郊外にあり、かつてそこを訪問しました。生産地からは遥かに遠い街ですが、それにも理由があるのです。

1995年、長年の夢だったポルトガルのサビ病研究所（CIFC）を訪問しました。首都リスボンから1時間ほど電車に乗ってオイエラスの街に着き、そこからタクシーで行った記憶があります。

CIFCは世界で唯一のコーヒーのサビ病専門の研究所で、いつか訪問したいと思い続けていました。念願の研究所では、所長のカルロス・ロドリゲス博士が僕をあたたかく迎えてくれました。アメリカで博士号を取得した所長は流暢な英語を話したので、僕はホッとしました。いくらスペイン語と似ているとはいえ、専門的な話をポルトガル語でされたら理解できない、と心配していたからです。

1951年、アフリカのガボン沖合の島、ポルトガル領サントメ・プリンシペでカカオの研究をしていたオリベイラ博士が、コーヒーのサビ病の被害の甚大さと経済的損失に気づき、専門の研究機関設立の構想が生まれました。そしてポルトガル政府とアメリカ合衆国政府の支援を受け、1955年にCIFCが正式に設立されました。当時はまだサビ病が中南米に伝染する前の時代です。

アメリカ政府が支援した理由は、アメリカの裏庭とも言える中南米にこの恐ろしい病気が感染すると経済的問題が発生し、政情不安に繋がることを危惧したからだそうです。

サビ病は実際1970年にブラジルで感染が確認され、その後わずか10年で中南米すべての生産国に広まってしまいました。

ポルトガルはコーヒーの商業栽培がなく生産国から離れており、アフリカやアジアなどの感染地域からサビ病菌を集めて研究するのに最適の

右上／サビ病研究所の軒下で、ロドリゲス博士（右）とともに。博士には公私ともども大変お世話になった。**左上・下**／当時の研究所内の様子。とても興味深い研究をしていた。

場所でした。初代所長のオリベイラ博士は1973年に引退し、僕を案内してくれたロドリゲス博士が2代目所長に就任しました。

研究所内には、世界の生産国からの寄付で建てられた温室やラボがあり、ここの研究結果への期待度の高さを感じました。

所長自ら所内を案内してくれた上に特別講義も授けてもらい、ここでの2日間は至福の時間でした。

当時僕はハワイ島に住んでコナコーヒーの開発と買い付けをしていました。ここで勉強したことは、まだサビ病に感染していないハワイ諸島での予防にも役立ちました。

個人的な話ですが、その後もう一度CIFCを訪問したくて、それを隠して新婚旅行にポルトガルも組み込みました。そして到着後に「研究所に行くから1日自由にさせてくれ」と頼み込みました。もちろんカンカンになって怒られましたが、何とか説得しロドリゲス博士に会いに行きました。

そして、その日の夜は博士夫妻が結婚のお祝いにポルトガル音楽・ファドのライブが聴けるレストランに僕たちふたりを招待してくれました。新婚旅行のいい思い出です。

リスボンの街が大好きになり、定年退職したら移住して小さな喫茶店を開いて、のんびりコーヒーの本を書くことが、僕のサラリーマン時代の夢でした。

（CIFCはその後、2015年にリスボン大学の研究機関に吸収されました）。

密林に埋もれた固有種マスカロコフェアを再発見

マダガスカル

Republic of Madagascar

マダガスカル共和国

DATA

首都	アンタナナリボ
面積	58万7295㎢（日本の約1.6倍）
人口	2843万人（2021年、世銀）
言語	マダガスカル語、フランス語（以上公用語）
民族	アフリカ大陸系、マレー系。部族数は約18（メリナ、ベチレオほか）
宗教	キリスト教、伝統宗教、イスラム教
主要産業	農林水産業、鉱山業、観光業
通貨	アリアリ

コーヒー関連情報

主な産地	首都アンタナナリボ周辺、中部フィアナランツォア
総生産量	38万3000袋（2019～20年）
生産国ランキング	第25位

One Point

アフリカ大陸の南東沖の巨大な孤島は固有種の多さで有名。遠いアジアのコーヒー産地、インドネシア・スラウェシ島と言語が似るなど文化面も興味深い。

1999年、長年の夢だったマダガスカルを訪問しました。当時は産地としては無名でしたが、70年代までの日本のコーヒー業界では、マダガスカルとウガンダのウォッシュト・ロブスタはそれなりに市場を持っていました。

が、僕の目的はロブスタではなく、絶滅したとされる「カフェインがない」マダガスカルの固有種マスカロコフェアを探しに行くことでした。

ご存知の通りこの島は、バオバブの木やアイアイなど、動植物の固有種の宝庫です。コーヒーにも、この島を中心とするマスカリン諸島にしかない固有種がありました。僕がこのコーヒーの存在を知ったのはエルサルバドルで勉強していた時です。その時から、現地を訪ね、なぜ消えてしまったのかを突き止め、それを探し出すのが夢でした。

アラビカ種と交配させて、自然で

マハノロ郊外の修道院で立ち上げたコングスタ栽培プロジェクト。学生たちと一緒に作った苗が育ち、畑に植える作業が終わって記念撮影。

美味しい低カフェインコーヒーを作れるのではと考えたのです。妊娠や健康上の理由でコーヒーを制限している人たちが、安心して美味しい低カフェインコーヒーを飲めたらどんなにいいだろうかと……。

僕が訪問したのは、長年にわたる社会主義政策が緩和されたばかりの頃でした。空港のイミグレーションにはコンピューターがなく、すべてが手書き。非常に時間がかかり、税関でもコンピューターやカメラなどは製品名とメーカー名、シリアルナンバーまで書類に書かされて控えを渡され、出国時に全部を持っているか照合されました。

街に出ると、空港の緊張感とは裏腹に、貧しいけれど平和な印象でした。人々は穏やかで、とても親切。数年前に香港映画が入ってくるまでは、人を殴ったり蹴ったりすること

修道院院長がこのプロジェクトにとても協力的だった。シェードツリーが間に合わなかったので、苗を守るために枯れ草を集めて覆った。

を知らず、肩をぶつけ合うのがマダガスカル人の喧嘩だったと聞いた時には本当に驚きました。

マスカロコフェアの情報はまったくなく、誰に尋ねても「知らない」と言われるばかり。諦めずに聞いて回り、「昔フランス人がコーヒーの研究をしていて、どこかに研究所があった」という情報を得ました。

日本の1・6倍もあるマダガスカル島ですが、どのあたりにフランス人がいたのでしょうか。いくつかの証言からある程度エリアを絞り、運転手つきで四輪駆動車を2台借り上げ、探検の旅に出ました。

そして苦労の末、ジャングルに埋もれて朽ち果てた建物を発見。さらに森へと入って行くと、思った通り、野生化して生き残ったマスカロコフェアがありました。

この時に興奮したガイドのマダガスカル人が思わず「あなたはコーヒ

右／マスカロコフェアの花。**左**／コルヒチン処理で倍加させたロブスタの主枝。アラビカ種以外は染色体が22なので、これでアラビカ種と交配実験ができる。

ーハンターだ！」と叫んだので、僕はそれ以後、コーヒー業界でそう呼ばれるようになりました。

フランス人が突然マダガスカルから消えた理由は、１９７５年に最高革命評議会議長に就任しその後大統領になった軍人のラチラカ氏が社会主義に舵を切り、旧宗主国の彼らを排斥したからです。同時にコーヒー研究も止まり、マスカロコフェアはジャングルに埋もれてしまいました。

結論から言うと、マスカロコフェアでの低カフェインコーヒー開発は成功しませんでした。アラビカとの交配実験を繰り返しても収量は増えず、肝心の味も悪かったのです。しかし、絶滅したと言われた品種を発見し種の保全に成功し地元政府に手渡せたのは、コーヒーマンとしていい仕事ができたと思っています。

副産物しては、フランス人研究者たちの残した古い資料から、彼らが取り組んだ3品種の交配種ＧＣＡの存在を知ったこと。高収量のカネフォラ種ロブスタを作るのが目的だったようです。資料によると、ＧＣＡのカフェイン含有量は０・８％まで下がっていました。通常のアラビカ種は１・２％で、ロブスタ種では１・８〜２・４％です。

ＧＣＡはeugenioidesとcanephora（カネフォラ）とarabica（アラビカ）の交配です。ちなみにeugenioidesにはカフェインがなく、その理由を解明したのはお茶の水女子大学の芦原坦《ひろし》博士。後にハワイで会う機会があり、東京の研究室にもご招待頂いていたたいへん興味深い話を伺うことができました。

僕はＧＣＡの可能性を追求しようとマダガスカル政府に働きかけ、政府研究機関（ＦＯＦＩＦＡ）と一緒にこの実験を続けることにしました。

以後は年に2〜3回、マダガスカルに通いました。

プロジェクトを開始してから数年後、DNA検査の結果として「アラビカ種はeugenioidesとcanephoraから生まれた」と学術発表されて驚きました。僕らはまさしくこれらの3種類を使って、美味しい低カフェインの品種改良をしていたのです。

カフェイン含有量が0・28%まで下がった頃に僕は会社を辞めて独立、この実験から離れました。

マダガスカルの高地はアジア系のメリナ族系が多く、沿岸部にはアフリカ系の人たちが住んでいます。

そして主食は米です。日本人の2倍以上の年間120kgを食べると言われており、日に3食、米が出ます。旧宗主国フランスの文化とマダガスカル文化が融合した「クレオール文化」があり、食事も独特でとても美味しい。そして道端で売られているバゲットも美味しかったです。

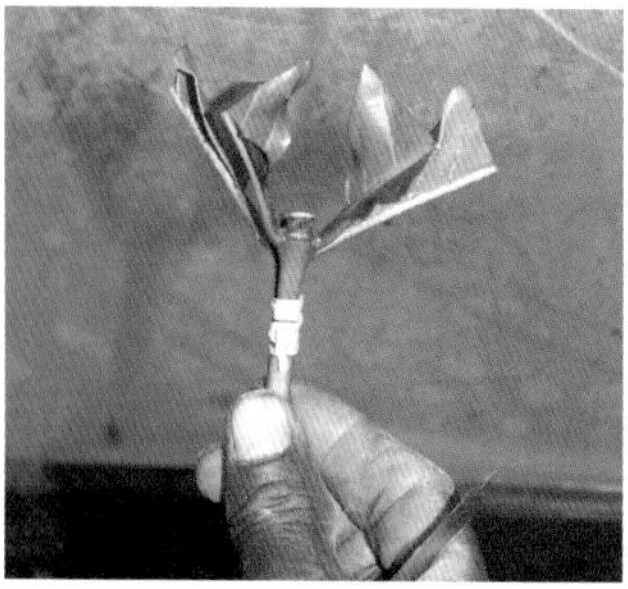

右／東京農大で学んだアレキシス氏の自宅には、農大の「進化生物学研究所マダガスカル分室」があった。上／2種類の主枝を束ねるように接ぎ木して挿し木を作るグラフト カッティング。

ある時、帰りの機内で隣に座ったインドネシア人と話していたら、「自分はスラウェシ島出身で、日本のJICAに勤める稲作の専門家だ」と言われて驚きました。しかも、「スラウェシ島北部の言葉はマダガスカル語と酷似していて、JICAの指導で稲作専門家になったスラウェシ島のインドネシア人が〝南南協力〟でマダガスカルで指導中だ」と言うのです。

また、FOFIFAとの共同研究契約の締結のために、ハワイの弁護士と行ったこともありました。ハワイ系のその弁護士に「実はハワイ語にも似ていて、マダガスカル人の会話は私も3割近く理解できる」と言われ、なおさら驚きました。

太平洋州はやはり繋がっているのだと確信した出来事です。

独立した後、僕はＪＥＴＲＯからマダガスカル支援プロジェクト立案の依頼を受けました。マダガスカルでわずかに残っていたコングスタ（コンジェンシス種とロブスタ種の交配種）を使う、沿岸部の経済支援計画を作りました。

最後の秘境と呼ばれるマダガスカルですが、山間部での森林伐採がかなりひどいのが実情です。

雨が降ると表土が流れて河川に堆積し、サイクロンや大雨で河口に流れつきます。そして海岸と並行し、堤防のような細長い島を作ってしまうのです。飛行機で上空から眺めると立派な中洲に見えるほどで、サイクロンの度に沿岸部では洪水が起こり、なかなか水が引きません。

それゆえ、冠水に強いコングスタを貧しい沿岸部に植えることで経済的にサポートするプロジェクトを作ったのです。

東海岸南部で寄宿制の学校を営む修道院の院長が、プロジェクトに関心を持ってくれました。

この地域には学校がなく、寄宿舎で勉強する子どもたちが大勢いました。授業の後には木工や農業の職業訓練もありました。その目的は、村に帰って自活できるようにすること。そこで僕は、コングスタを使って彼らにコーヒー栽培を習得してもらい、村に帰って生産のリーダーになれるようにすることを目指したのです。

しかし、このような開発プロジェクトは、実はＪＥＴＲＯの得意分野ではありません。専門は輸出入や市場の開拓。そこで僕は、途上国開発が専門のＪＩＣＡとＪＥＴＲＯのＪＪプロジェクトにすることを両組織に提案しました。

ところが、東京でその第一回会議を開催した直後の２００９年３月、軍の支持を得た反政府勢力が大統領を辞任させ、暫定政府を発足させてしまいました。日本政府は暫定政府を認めなかったので、我々のコングスタプロジェクトもそのまま立ち消えてしまいました。

プロジェクトに大いに期待してくれていた修道院長の顔が今でも浮かび、本当に残念に思っています。いつかプロジェクトが再開し、コングスタで村を豊かにできる日が来ることを願っています。

よく使われている、マダガスカル特有の籠の中にネルフィルターが入ったドリッパーでの抽出。

復活した幻のブルボン ポワントゥで知られる

レユニオン島

Department of Reunion, French Republic

フランス共和国 レユニオン県

DATA

県都	サンドニ
面積	2512㎢(神奈川県とほぼ同じ)
人口	86万人(2020年)
言語	フランス語、クレオール語
民族	フランスと複数の血が混ざったクレオールが64%、インド系28%、その他ヨーロッパ人や中国人
宗教	カトリック
主要産業	砂糖、ゼラニウム、バニラ、ラム酒
通貨	ユーロ

コーヒー関連情報

主な産地	西部・南部山岳地帯
総生産量	N/A
生産国ランキング	ランク外

One Point

ブルボンの突然変異種ブルボン ポワントゥの発見と復活で筆者の24年間温めた夢を実現。島のコーヒー産業を蘇らせることに成功した。

エルサルバドルの研究所で品種の講義を受けた時に初めて、「ブルボン種がブルボン島で生まれたティピカからの突然変異種」であり、そこからさらに「ブルボン ポワントゥ」が生まれたことを知りました。

品質もよく収量もティピカに比べて高かったブルボン種が世界中に広まったことや、この島のコーヒー産業が消滅して高品質ながらも小粒で生産性が低いブルボン ポワントゥもいつの間にか絶滅してしまったことを、その後に知りました。

その日から僕は「いつかこの島に幻のブルボン ポワントゥを探しに行きたい」と夢見るようになりました。夢が叶ったのは、24年後の1999年8月でした。

ブルボン島はレユニオン島へと名が変わり、フランスの植民地から海外県に格上げされていました。フランス本国とマダガスカル系が人種的

ブルボン ポワントゥ復活プロジェクトはボランティア農家の人たちの協力で始まった。試行錯誤の連続だったが、無事に収穫を迎えられた。

にも文化的にも混ざり合った、独自のクレオール文化を持つ島でした。

到着後さっそくブルボン ポワントゥの探索を始めましたが、ほとんどの住人は島にコーヒー産業があったことさえ知りませんでした。毎日車で島じゅうを走り、何の手掛かりもない日々が続きました。いつまでも滞在するわけにはいかず、最後に県庁農政局の局長に会いに行きました。後の展開を書き始めたらページが足りなくなるので、ぜひ拙著『コーヒーハンター 幻のブルボン・ポワントゥ復活』（平凡社）を読んで頂ければと思います。

それはさておき、その後の調査ではさまざまなことが判明しました。

この島にはマダガスカルから伝わったマスカロコフェア亜属モウリティアナ種と、フランスの東インド会社がイエメンから持ち込んだエチオピア原産のブルボン ロンド（「丸い」

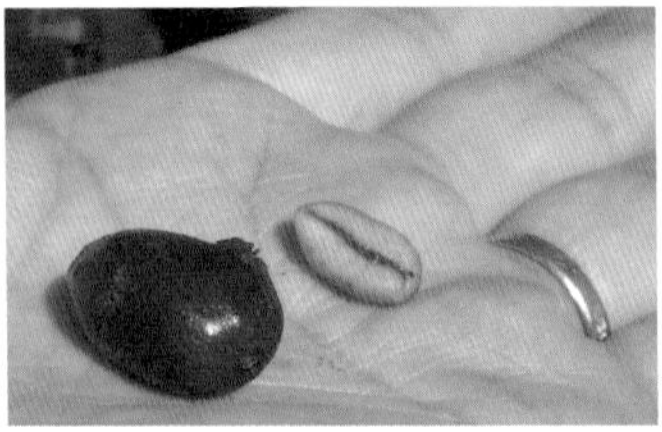

上／初出荷の記念セレモニーでは知事から謝辞を頂いて感激した。**左上**／ブルボン ポワントゥの豆。「尖った」を意味する名前の通りの特徴的な形状をしている。**左下**／麻袋が入手できず、急遽、米袋に入れてパリ経由で日本に送った。

の意）と、そこから生まれたブルボン ポワントゥ（「尖った」の意）がありました。DNA分析の発達により植物の分類学は大きく進歩し、ブルボンはティピカから生まれた突然変異という定説は覆され、エチオピア原産の原種だと解明されました。

同じようなことはよくあります。古いコーヒーの本ではモカはアラビカとは別グループになっています。樹や葉の形状や大きさがあまりにも他のアラビカと異なるので、そんな結果になったのだと思います。

島にコーヒーが紹介された時、フランス人はティピカと思って植えたのでしょう。成長した葉の色や形状が違うと気づく人がいて、突然変異説が生まれた可能性があります。

レユニオン島では18世紀前半にコーヒー栽培が盛んになり、コーヒーが貨幣の代わりになるほど価値が出て、世界有数の産地になりました。

しかし同じフランスの植民地、カリブ海のハイチでも栽培が始まり、栽培面積と本国までの距離の差でレユニオン島は市場を取られてしまいました。スエズ運河ができる前の話です。レユニオン島からはアフリカ南端の喜望峰を回らなければいけませんが、ハイチからなら大西洋を横断するだけです。度重なるサイクロンの被害や、19世紀中頃の奴隷制度廃止で労働力が減ったこともあり、コーヒー産業は衰退していきました。ブルボン ロンドは海外に紹介されて品種として生き残りましたが、質より量を求めた当時の市場からはブルボン ポワントゥは見向きもされず、消えてしまったというわけです。

2001年から本格的にブルボン ポワントゥの開発プロジェクトが始まりました。森の中で生き残っていたそれと思しき樹から、文献を元にそれらしき樹を選抜し、そこから採取した種子で5万個の苗を作りました。その苗の中からさらに形状が異なる苗を取り除き、純正種を選り分ける作業が続きました。

なにぶん未知の品種ゆえ、適した環境も栽培方法も分かりません。そこで農業が盛んな島の中央から西側を北部・中部・南部と分け、計6か所で試験栽培することにしました。

上／平地が少なく、3000m級の美しく険しい山々がそびえるレユニオン島。このような絶景が見られるだけに、山岳観光でも有名だ。下／ブルボン ポワントゥの樹はクリスマスツリーのような形状も特徴。

ボランティアをラジオで募ったところ、約350軒の農家が手を挙げました。その中から標高などの自然環境と農業経験から105農家を選抜し、10アール分の苗を供給して栽培を依頼しました。

ハワイ島コナに住んでいた僕は5回も飛行機を乗り継いで、年に2、3回、島に通いました。ボランティア農家を中心に設立されたブルボンコーヒー生産者組合の人たちとの交流は実に忘れ難い思い出です。

2007年2月に、この島からのコーヒーの輸出が復活しました。準備のために正月明けから島に入り、各地から農家単位で分けて集荷したコーヒーの官能試験を組合メンバーと一緒に繰り返し、上質な豆200kgを選別しました。その時初めて、この島には豆を入れる麻袋がないと気づきました。今から手配しても間に合わず、苦肉の策で布の米袋に印刷して生豆を入れ、それを段ボール箱に詰めて空輸しました。

出荷記念セレモニーは盛大で、知事や県庁関係者、組合メンバー、地元メディアが大勢駆けつけてくれました。本当に夢のような8年間でした。式典で県知事から「ムッシュブルボン」と呼ばれた時は、感極まりました。コーヒーマンとしてこんな素晴らしい仕事を与えられたことを、僕は神に感謝しました。

有名なモカコーヒーの名前の由来となったモカ港の現在

イエメン

Republic of Yemen

イエメン共和国

DATA

首都	サヌア
面積	55.5万㎢（日本の約1.5倍弱）
人口	2983万人（2020年、国連）
言語	アラビア語
民族	アラブ人など
宗教	イスラム教（スンニ派、ザイド派〈シーア派の一派〉）
主要産業	石油、天然ガス、農業、漁業
通貨	イエメン・リアル

コーヒー関連情報

主な産地	マタリ、バニーマタル、ハウラーン、シャーキ、サナア
総生産量	9万1000袋（2019～20年）
生産国ランキング	第35位

One Point

長年にわたる情勢不安でそうそう行けないが、恐らく世界最高高度の産地であろう、マタリ村のモカマタリはコーヒー史の面でも興味深い。

僕が初めてイエメンを訪れた数か月後の2000年10月、アデン港に停泊していたアメリカ海軍駆逐艦が自爆テロに遭い、多くのアメリカ軍人が死傷する事件が起きました。

それ以降アメリカとの関係が悪化し、今ではイエメンへの入国履歴があるとアメリカへの渡航が非常に困難になってしまいました。国内も覇権争いで治安が安定せず、いつ再訪できるか、見当もつきません。

しかしあのイエメン滞在は、忘れ難い旅でした。有名なモカコーヒーのひとつ、モカマタリの源流を自分の目で見るのが目的でした。

訪問したのがイスラム教の断食月・ラマダンに重なってしまい、「滞在中は何もできないよ」と忠告されましたが、それは大きな誤りで、アポも普通に取れました。

ただしそれは、日が暮れてからの時間帯。地元の情報を得ようと輸出

右から4人目がマタリさん。右端の息子さんとともにマタリ村に連れて行ってくれた。村人たちも親切に畑と村を案内してくれた、夢のような出来事。

会社に連絡したところ、取れたアポは深夜の1時。街は深夜でも活気があり、子どもたちが道路でサッカーをしているほどでした。

社長室で出されたのは、コーヒーの果皮と果肉を乾燥させて抽出した「ギシル」。コーヒーの香りとは無縁の、甘みと酸味を感じるハーブティーのような飲み物でした。イエメン人はギシルの方が好きだと言う人が多く、ギシルばかりでコーヒーを飲んだことがない人さえいました。

輸出会社の近くにあったコーヒー屋に立ち寄ると、ギシルと焙煎豆が山積みで売っていました。当時、現地で見つけた1993年の価格が52ページの表です。

まず、イエメン産の方が、エチオピア産よりも生豆・ギシルともに高いと分かります。また、イエメン産でも生豆と焼き豆、ギシルでそれぞれ価格が違います。

1993年のコーヒー価格（サヌア市内のコーヒー店）

	公定小売価格（カッコ内はドル換算。1USドル=12リアル）	闇相場換算（1USドル=47リアル）
イエメン ベニマタリ（生豆）	300リアル（25ドル）／kg	6.38ドル／kg
イエメン ベニマタリ（焼き豆）	380リアル（31ドル）／kg	8.09ドル／kg
イエメン ベニマタリ（ギシル）	330リアル（27.5ドル）／kg	7.02ドル／kg
ブラジル、エチオピア（生豆）	120リアル（10ドル）／kg	2.55ドル／kg
エチオピア（ギシル）	220リアル（18.3ドル）／kg	4.68ドル／kg

ギシルの飲み方は、同じイエメン人でも違いがありました。低所得者は、節約のためにローストして細かく挽いてコーヒーのように濾して飲み、高所得者はローストせずに細かく砕いてお湯で煮出します。その方が味も香りも格段にいいからです。

この輸出会社の社長から、「モカマタリの源流を知りたいならいい人を紹介してやる」と言われて出会ったのが、マタリさんでした。

マタリさんは、それならマタリ村に連れて行ってやろうと言いました。まるで魔法のランプをこすったような展開です。以後、イエメン滞在中はずっとマタリさんにお世話になりました。

陽が暮れると、首都サヌアのマタリさんの自宅で豪勢な夕食をご馳走になりました。陽が出ている間は「つばきも飲んではいけない」というほど厳しい断食が行われるのですが、陽が暮れれば、お酒以外の飲み食いは普通に許されます。

10歳くらいの息子さんを紹介されて食事も毎晩ご馳走になったものの、奥さんと娘さんには最後まで会えずじまい。やはりイエメンは、戒律の厳しいイスラム教国です。

サヌアから車で3時間ほど走った山岳地帯にある、お父さんが村長をしているというマタリ村に連れって行ってもらいました。

そこは、海抜2500mの乾燥した台地でした。各農家の裏には数百

サヌアの街角で見掛けた店。店も焙煎技師も独特の雰囲気があった。

右上／行く先々で歓迎してもらったが、さすがに厳格なイスラム教の国だけあって、小さな子ども以外の大人の女性には一度も会わなかった。
右下・左／品種名にもブランド名の由来にもなった、コーヒーの積み出し港・モカ。砂漠化してしまい、街の半分が砂に埋もれていた。港も砂が堆積して小型船しか入れず、すっかり寂れてしまっていた。

本のコーヒー樹が植えられていて、樹の間には灌漑用の手で掘った溝がありました。僕がそれまで経験した中では、最高高度で植えられているコーヒー樹です。

　ここで収穫したコーヒーは果皮がついた状態で乾燥され、木槌で突いて脱殻します。それを農民が市場に持って行き、自分の欲しい品物と交換するバータービジネスで流通していました。生豆を手にした市場のおばさんたちは、今度は市場の奥で待ち構える仲買人に豆を渡して現金化します。そんな素朴なマタリ村でも、たいへん歓迎してもらいました。

　サヌアも海抜２３００ｍの高地にあり、底冷えがしました。イエメンの男性は、みな一見ワンピースのように見える白い上下の服を着て、腹には三日月型の剣を差し、頭にターバンを巻いています。僕も寒さ対策でターバンを買い頭に巻いたらとても暖かく、気に入ってしまい、以後ずっと身につけていました。あまりの心地よさに帰路もそのままイギリスのヒースロー空港に降り立ったほど。しかし入国審査で怪しまれ取り調べを受けました。思い出深いこのカシミヤ製のターバンは、今でも大切にしまってあります。

　そしてイエメンコーヒーの積み出し港として有名なモカも訪ねました。モカコーヒーの名前の由来となった港です。砂漠からの砂に埋まった家屋が多く、港も機能しなくなっていました。有名なモカ港がこんなに寂れてしまっていたとは、コーヒーマンとしては悲しい限りです。

　ともあれ、イエメン滞在は夢のような時間でした。

　もし死ぬ前に最後に好きなコーヒー産地に行かせてやると神様に言われたら、僕は迷わずイエメンのマタリ村を選ぶでしょう。

世界を旅するコーヒー事典
Coffee encyclopedia for traveling the world

アジア・太平洋・北米編

タイ／ベトナム／ラオス／ミャンマー／中国／インドネシア／東ティモール／ハワイ／カリフォルニア／メキシコ

コーヒー栽培の歴史が長いインドネシアや
世界第2位の生産量を誇るベトナム、
コナコーヒーで有名なハワイ、
近年良質なコーヒーを産出するタイなど
各国各地で魅力的なコーヒーを
作っているのがこのエリアです。

王室財団主導でアヘン栽培をやめてコーヒー栽培へ

タイ

Kingdom of Thailand

タイ王国

DATA

首都	バンコク
面積	51.4万km²(日本の約1.4倍)
人口	6609万人(2022年、タイ内務省)
言語	タイ語
民族	大多数がタイ族。そのほかに華人、マレー族など
宗教	仏教(94%)、イスラム教(5%)
主要産業	観光業、製造業、農業
通貨	バーツ

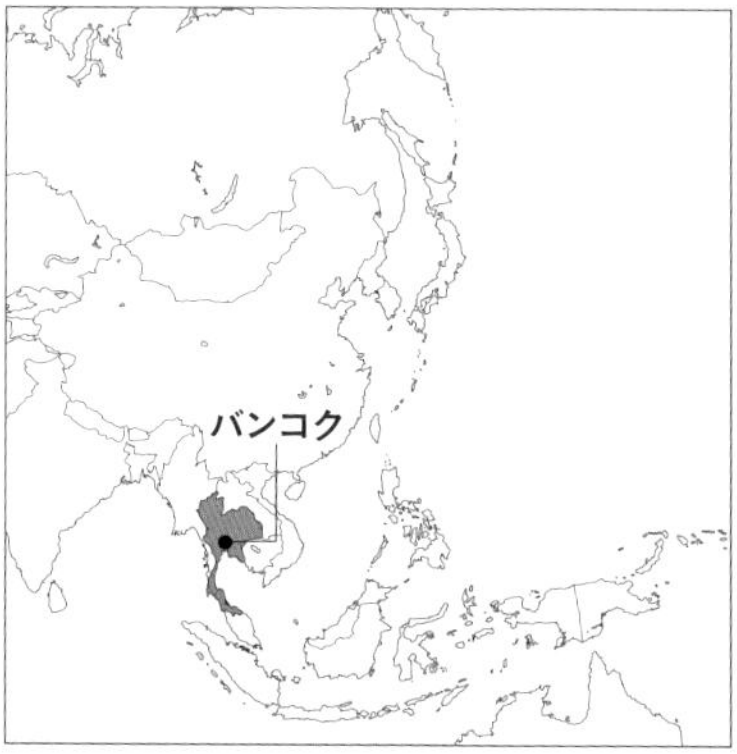

コーヒー関連情報

主な産地	北部チェンマイ、チェンライ(アラビカ種)。南部チュムポーン、スラーターニー(ロブスタ種)
総生産量	51万7000袋(2019〜20年)
生産国ランキング	第22位

One Point

北部の山岳地帯で栽培されるドイトゥンコーヒーはタイ王室の財団によるプロジェクト。貧困地域がアヘン栽培から抜け出せた点でも注目に値する。

１９００年代初頭、タイ南部でイスラム教徒がロブスタ種を植えたのが、タイコーヒーの始まりと言われています。その後１９５０年代にアラビカ種が紹介され、チェンライなどの北部の山岳地帯で栽培が始まりました。

１９７２年に当時のプミポン国王の母であるシーナカリン王太后が設立した、貧困にあえぐ人々の生活向上を支援するＮＧＯ「王室メーファールアン財団」が、タイ北部でドイトゥン開発プロジェクトを88年に開始してから、北部に本格的なコーヒー栽培が根づきました。

このタイ・ミャンマー・ラオスの国境地帯はゴールデントライアングルと呼ばれ、長らく世界のアヘンの供給基地となっていました。

もともと複数の少数民族が暮らしていましたが、どの国からも国籍を与えられず、教育も医療も受けるこ

アカ族のパヒ村はかつて、生きるために村民全員がアヘン栽培に関わっていた。しかし現在ではアヘンから脱却しコーヒー村として有名になっている。

とができませんでした。貧しい彼らが痛み止めとして使うアヘンに目をつけた輩が、少数民族に大々的にケシ栽培をさせ、世界に売り捌いて巨万の利益を得ていたのです。

決して、アヘン栽培で少数民族の暮らしがよくなったわけではありません。彼らに健康被害を及ぼした上、昔ながらの焼畑農業でケシ栽培を広げた結果、一帯に深刻な森林破壊を招いてしまいました。

この問題の解決のために生まれたのが、ドイトゥン開発プロジェクトです。少数民族の男性を雇用し、植林事業から始め、合間にマカダミアナッツとコーヒーを植えました。女性の就労のために織物工場、紙漉き工場、陶芸工場を建設しました。そしてドイトゥン山頂にはロイヤルガーデンや博物館、ホテルを建設し、観光地へと変えました。

ここでもたくさんの少数民族の雇

右上／パヒ村の農家では家の一部が乾燥場だ。**右下**／財団の苗床。**左上**／美しいロイヤルガーデン。**左下**／国境警備隊基地からはミャンマーが見渡せる。

用が生まれました。今では完全に森が復活し、タイ側では見事にアヘン栽培を止めることに成功し、かつてタイで一番危険と言われていたチェンライに平和が訪れたのです。

かようにすべてがうまくいきましたが、コーヒー栽培だけは思うように行かなかったようです。そこで2014年、財団から「アドバイザーを務めて欲しい」と僕に依頼がありました。

ドイトゥン地区を訪ねて説明を受け、プミポン前国王とシーナカリン王太后、そして王太后の秘書官として、また財団の理事長として長年仕えたディスナダ・ディッサクン氏、その子息のディスパナッダ・ディスクル現理事長の取り組みに感銘を受け、こんな素晴らしい取り組みに参画させて頂けることを、コーヒーマンとして名誉に感じました。

アヘン栽培は今では完全に消滅し

右／標高900〜1300mの間に5か所の試験区を作り、栽培種の適合試験を行っている。活着率（生育のよさの割合）や成長のスピード、樹勢、収量のデータを取り、品質検査も行う。これらの結果を元にして、それぞれの環境に適した品種を栽培する。**左上3点**／傾斜地での簡単なテラス式栽培法も習得。また、安定的な種子の手配が難しいため、挿し木で苗を作る準備もしている。ここで学んだことを、技術指導員が少数民族の村人たちに伝えていく。

ましたが、プロジェクト開始当初はかなりの危険を伴ったと思います。アヘンで濡れ手に粟のビジネスをする連中からすれば、プロジェクトに関わる人物は余計なことをする邪魔者ですから。

プミポン国王は自らこの地に赴いて、直接少数民族の人々と接したそうです。しかも一度もアヘン栽培に対して否定的なことを言わず、一緒に生活向上を目指す態度を示し、彼らの信頼を得てからさまざまな提案をしていったと聞きました。

ドイトゥンでは、オーストラリアから専門家が入って指導したマカダミアナッツが非常に有名です。それなのにコーヒーがうまくいかなかったのは、最初のアドバイザーが地域の現状に合わせた指導をしなかったからだと僕は思います。

ドイトゥンプロジェクトのコーヒ

右／試験区の種床で種蒔き。左／地元の人々が「山のセブンイレブン」と呼ぶ、定期的に来る移動販売バイク。不便な山間部ではとても助かる。

ー技術指導員は、各少数民族からタイ語を話す若者を採用しています。僕はタイ語を話せないので、英語を話す財団職員がタイ語で彼らに通訳し、習得した技術を彼らの村で彼らの言葉で農民に普及していく方法を取りました。

　と言っても、そんなにすんなり行ったわけではありません。

「コーヒーを生産していない日本から来た奴に、なぜ教えて貰わなくてはならないのか」という反発がありました。しかし、これはどこの国に行っても同じ反応なので、自分としては想定内です。まずは苗作りから始め、次に急斜面でも簡単にできる作業効率のいいテラス畑の作り方を指導しました。

　この時は3か月おきにタイに通って、毎回10日ほど滞在しました。

　半年くらいして苗が大きくなると品質の差が歴然と出てきます。最初は何をしているのか理解できなかったテラス造成も、形になると彼らは納得し、僕を認めてくれるようになりました。

　タイでは海外からのコーヒーには90%以上の輸入税が掛けられていて、国内のコーヒー産業は守られています。以前は高い関税を払っても、品質のいい輸入品を使いたがる自家焙煎店が多くありました。しかし最近はタイ産の品質が向上し、タイコーヒー専門店まで出来ています。訪問する度に新しいカフェがオープンしています。バンコクのみならず、北部山岳地帯でもそうです。

　財団は2018年からラオス国境のナン県のプロジェクトも始めました。この地域の問題はアヘンではなく、焼畑農業からの脱却です。毎年3月〜4月にはタイ全土で焼畑が行われ、そのために深刻な煙害が発生

右上／ゴールデントライアングルと呼ばれる、メコン川のタイとミャンマーとラオスの国境地点。かつてこの一帯はアヘンの栽培で悪名高かった。**右下**／この地域には6つの少数民族が住んでいる。**左**／アカ族の民族衣装を着た女の子。

しています。また、焼畑によって表土が雨で流れてしまう「エロージョン」も起きています。

この地域の少数民族の人々は、ハイランド・ライスとトウモロコシを植えています。森を伐採し畑を作って栽培しますが、肥料もやらないので収穫が終わると土壌はすっかり痩せてしまいます。そこで、翌年は隣接する森の木を切り畑にします。

それを7年ほど繰り返すと最初の畑にはたくさんの草が生い茂るので、そこに戻って焼畑をする。この繰り返しです。これを「シフティング・カルティベーション」と呼びます。

そこでナン県のプロジェクトでは各農家の年間収入分を給料として保証し、彼らと一緒にコーヒー畑に転換し、その後は植え付け肥培管理の指導をしていきます。そして5年後にはコーヒー農家として自立してもらう、という計画です。

世界第2の生産国ではロブスタ種がメインの栽培種

ベトナム

Socialist Republic of Viet Nam

ベトナム社会主義共和国

DATA

首都	ハノイ
面積	32万9241㎢
人口	9946万人（2022年、ベトナム統計総局）
言語	ベトナム語
民族	キン族（越人。約86％）、ほかに53の少数民族
宗教	仏教、カトリック、カオダイ教など
主要産業	農林水産業、鉱工業・建築業、サービス業
通貨	ベトナム・ドン

コーヒー関連情報

主な産地	バンメトートやダラットなど、ダクラク省、ラムドン省、ダクノン省一帯
総生産量	3048万7000袋（2019～20年）
生産国ランキング	第2位

One Point

世界2位の生産量を誇り、コンデンスミルク入りのベトナムコーヒーを誰もが愛飲する国だが、栽培はインスタントやブレンドに用いられるロブスタ種が大半。

1990年代に入り、本格的にコーヒー栽培に取り組み始めたベトナムは、あれよあれよという間にコロンビアを抜き世界2位のコーヒー生産国になりました。

この躍進を快く思っていない人たちもたくさんいたようです。

まだハワイに駐在していた2002年頃に、ワシントンDCのベトナムコーヒー不買運動をする組織から電話が掛かってきました。曰く、「ベトナムが無計画に大量に作るから、需給のバランスが崩れて国際相場が暴落した。共産主義国家で労働者や生産者の人権も守られず、低価格のコーヒーを作っている」

だからこんなコーヒーを買ってはいけない、我々の活動に賛同しないとベトナムコーヒーを購入している会社として日本の本社をリストに載せて発表する、などと脅されました。

国際相場が暴落して「コーヒーの

上／ベトナム中部高原・バンメトート近郊ののどかな田園風景。**右下**／子どもたちが釣りをしている様子を見ると、この国が本当に平和になったことを実感する。**左下**／貯水池からは各農家向けに用水路が張り巡らされていた。そして用水路にも魚を捕るためのネットが張ってあった。これもひとつの例だが、現地に赴いた時には、他にもベトナム人の合理性の高さを感じることが多々あった。

悲劇」と言われる事態にまで陥ったのは、ベトナムの増産が原因ではなく、90年代後半にファンドがコーヒー市場に介入し利益を確保して逃げた反動です。ゆえに僕はこんな脅しをまったく相手にしませんでした。

それよりも、国土の小さなベトナムがなぜ短期間にコーヒー大国になれたのかが不思議で、そちらの方に興味を持っていました。

ベトナムは、ロブスタ種がメインの生産国です。ベトナムの5倍の面積を持つインドネシアを抜いて、ロブスタ種としては世界1位になりました。そして現在ではインドネシアの3倍近い生産量を誇っています。

どうしてそれほど単位生産性が高いのか、それを調べに2006年にベトナムを訪問しました。

アラビカ種は、同じ株の中で受粉ができる、いわゆる「自家稔性」で

上／接ぎ木用の主枝を生産する畑。同じ株から生まれたロブスタ種が2列ずつ栽培されている。こんな畑は他では一度も見たことがなかった。**右下**／西高地農林科学技術研究所の女性研究者たち。親切に施設と畑を案内してくれた。**左下**／整然と区画整理された畑を用水路が繋ぐ。

す。蕾が開く前に96％くらい受粉しています。

しかしロブスタは自家不稔性。花が開いて他の樹から飛んできた花粉で受粉しますが、同じ株から生まれた樹同士では受粉しません。ですからふたつ以上の株から作った苗を使って畑を作らないと、生産性は上がりません。

ベトナムの中央高地にある西高地農林科学技術研究所（WASI）を訪問して、種の管理と栽培技術の説明を受けました。高収量の理由が分かり、それを実行している農民たちにも驚きました。

ここでは、株の違う7タイプのロブスタが整然と、それぞれ畝を作って植えられていたのです。

それもカットバック（剪定）した低い樹ばかりで、主枝がたくさん出ている状態の不思議な光景でした。そこから切った主枝を農民たちが購

右上／見事に実がついたロブスタの樹。研究所の試験区のもので、施肥も剪定も完璧に行われていた。農家の畑も技術指導が行き届き、生産性が非常に高かった。右下／高地の避暑地ダラットの中心街。ここはアラビカ種の栽培に向く気候。下／ロブスタ種特有の匂いを消すための「グリーンコーヒー・ウォッシングマシーン」。輸出前の生豆をこの機械で水洗いしていた。

入し、自分の畑の樹に接ぎ木するのです。複数の株違いの主枝を接ぎ木すれば、1本あたりの受粉量は当然増えます。なんと頭のいい人たちだと感心しました。

　農民個々人に接ぎ木の技術があることと、それを指導して浸透させていることも驚きでした。これでは、自然まかせのインドネシアが敵うわけがありません。

　僕が訪問した時点では、ベトナムコーヒーの割合は95％がロブスタで、残りがアラビカと、少量のエクセルサでした。エクセルサは、デウエヴレイ属のひとつの品種です。

　政府は付加価値の高いアラビカ種の増産を期待していましたが、農民は、病気に強く栽培慣れしたロブスタから離れる様子はありませんでした。当面、こうした状況は続くだろうと思います。

東南アジア随一ののどかな国でもコーヒー栽培が始まる

ラオス

Lao People's Democratic Republic

ラオス人民民主共和国

DATA

首都	ビエンチャン
面積	24万㎢(日本の約2/3)
人口	733.8万人(2021年、ラオス統計局)
言語	ラオス語
民族	ラオ族(全人口の約半数以上)を含む計50民族
宗教	仏教
主要産業	サービス業、工業、農業
通貨	キープ

コーヒー関連情報

主な産地	ルアンパバーン、ウドムサイ、サラワン、アッタプー、チャンパサックなど
総生産量	62万2000袋(2019～20年)
生産国ランキング	第20位

One Point

メコン川流域の山がちな農業国は人心穏やかで、発展はこれから。タイやベトナムの資本による大規模農園が開発されつつある。

ハワイ時代に仲良くしていたモロカイ島のコーヒープランテーションの総支配人が、僕が日本に帰国した後、ヘッドハンティングされてラオスの農園開発に赴任すると連絡がありました。これがきっかけで、ラオスのコーヒーに興味を持ちました。

2013年12月、タイでの仕事を済ませてから小舟でメコン川を渡り、ラオスのフェイサイから入国しました。幅がひとり分しかない細長い舟にグラグラ揺られながら、スーツケースを載せて出港しました。乾期でメコン川の水量も少なかったから乗りましたが、雨期だったら絶対陸路か空路で行ったでしょう。

メコン川の越境は、出国も入国も本当にこれが正規のルートなのかと疑いたくなるほど簡単でした。

事前のコーヒー調査でタイやベトナムなど外資の大農園の開発が始まっていると分かりましたが、それに

右／タイとラオスの国境を流れるメコン川。タイ側に沈む夕日が綺麗だった。乾期なので川の流れも緩やか。**中2点**／小農家を訪問。中国国境近くに住む親戚から種子をもらい、コーヒー栽培を始めたとのこと。考えてみれば、中国のコーヒー産地・雲南省とラオスは国境を接している。**左上**／首都ビエンチャンの風景。

は興味がないので農林省の地方事務所を訪問し、小農家の情報を集めました。紹介された村を訪ねたものの非常に小規模で、とても収入を得ているとは思えないほどでした。

　そこで首都ビエンチャンに移動し、もう少し大きな農家を探すことにしました。首都とは思えないほどののんびりした街で、マダガスカル時代に知り合った日本大使館医務官から夕食をご馳走になりました。さすが旧フランス領、料理とパンがとても美味しかった記憶があります。

　その後はパクセー経由で中規模農家が多い南部のボラベン高原に向かいました。主にティピカが栽培されているとのことでしたが、毎度の通り、期待は裏切られました。しかし農民は騙すつもりはなく、誰かからティピカだと教えられ、それを信じて栽培しているのでしょう。買い付けに来た品種の知識がない消費国のバイヤーも生産者の話を鵜呑みにして輸入し、間違ったまま売られていくのだろうなと思いました。こうした経験は世界中でありました。

　ラオスは、他の東南アジア同様、一般的に消費されているコーヒーはいわゆる「3 in 1」が主流で、巨大な工場がありました。3 in 1とは1杯分のインスタントコーヒーと粉ミルク、砂糖が、筒状の小袋に入っている製品です。ホテルの部屋のコーヒーもほとんどがこれでした。

　忘れられないのはビエンチャンの日本人女性が経営している「The Little House」です。民家を改装した店は地元の民芸品も売るコーヒーショップで、パクセーに焙煎所を持ち、コーヒーも美味しかったです。開放的で南国の雰囲気がある風通しのいいテラスでオーナーの話を聞きながら、ゆっくりと味わいました。いつかまた、訪ねてみたいお店です。

ポテンシャルを生かせる平穏な日々を待ち望む

ミャンマー

Republic of the Union of Myanmar

ミャンマー連邦共和国

DATA

首都	ネーピードー
面積	68万㎢（日本の約1.8倍）
人口	5114万人（2019年推計、ミャンマー入国管理・人口省）
言語	ミャンマー語（公用語）、シャン語、カレン語など
民族	ビルマ族（約70％）、その他多くの少数民族
宗教	仏教（90％）、キリスト教、イスラム教など
主要産業	農業、天然ガス、製造業
通貨	チャット

コーヒー関連情報

主な産地	シャン州北部・南部、マンダレー（アラビカ種）。バゴ州、カイイン州（ロブスタ種）。
総生産量	N/A
生産国ランキング	ランク外

One Point

品質や品種に関する農家の認識は怪しいものの、国立研究所の真面目な仕事ぶりと知識には期待できる。コーヒーを将来の主力産業にするだけの可能性はある。

２０１３年にミャンマーコーヒーの調査に行きました。タイのバンコクから飛行機に乗り、ヤンゴンに到着しました。

空港ターミナルではすごい出迎えで、手を振る人々に僕も手を振って応えましたが、何かがおかしいと振り返ってみると、僕の真後ろにアウンサン・スーチーさんが歩いていました。すぐに道を譲って端を歩きました。恥ずかしかったです。

ミャンマーは社会主義国だから小農家しかないと思っていましたが、政府関係者の親族が経営する大規模な農園が各所にあったのには驚きました。どこもスペシャルティコーヒーだと言ってはいましたが、品質に対する認識は浅く、ボリューム重視でした。植えているのは背丈の低い矮性サビ病耐性種が多く、品種の管理もきちんとできていないのに苗の販売までしていることに危うさを感

右／国立研究所では官能試験の準備もしてくれた。**中**／予想外の大きな農園もあった。**左**／パゴダが至るところに建つのも、さすが仏教国。

じました。

「標準以上の品質が生産できる豊かな自然環境なのに、もったいない」というのが僕の感想です。

そんな中でも、訪問した国立研究所の所長を始めとする研究者の皆さんは非常に真面目で、少ない予算でも工夫して仕事をしていて好印象でした。遺伝子に関する知識もあるのだから、ここで純正の種子を作って販売すればいいのにと思いました。

その代わりにというべきか、試験栽培で余ったコーヒーを焙煎して販売しているのには驚きました。これも実は、少しでも研究費を捻出しようとする努力だったのです。

その後、僕がアドバイザーを務めるタイの王室メーファールアン財団が、ミャンマー政府からの依頼でアヘン栽培地域をコーヒーに転作するプロジェクトを任されたので、僕も引き続きミャンマーを訪問するようになりました。

初めて候補地を訪ねた時は、前後に警官隊の車列がついての移動で、畑の視察も同様に警官隊が周囲を警備していました。

２０１８年には具体的な計画を立てるために訪問し、30万個の苗作りも始まりました。その後に新型コロナの蔓延が始まってしまい、さらに２０２１年２月にはクーデターが勃発しましたが、その間も粛々と作業は続けられました。もちろん僕は渡航することができませんから、オンラインで状況説明を受け、画面を通して現地の人たちにアドバイスをしてきました。

ミャンマーコーヒーのポテンシャルは高いと思います。美味しいコーヒーができることを楽しみにしていることはもちろん、コーヒーがこの国の経済を支える立派な産業に育って欲しいと願っています。

雲南省の山岳地帯でコーヒー栽培が始まっている

中国

People's Republic of China

中華人民共和国

DATA

首都	北京
面積	960万㎢(日本の約26倍)
人口	14億人
言語	中国語(公用語)、ほか多数の少数民族の各言語
民族	漢民族(約92%)、ほかに55の少数民族
宗教	仏教、イスラム教、キリスト教など
主要産業	第一次産業(名目GDPの7.3%)、第二次産業(同39.9%)、第三次産業(同52.8%)
通貨	人民元

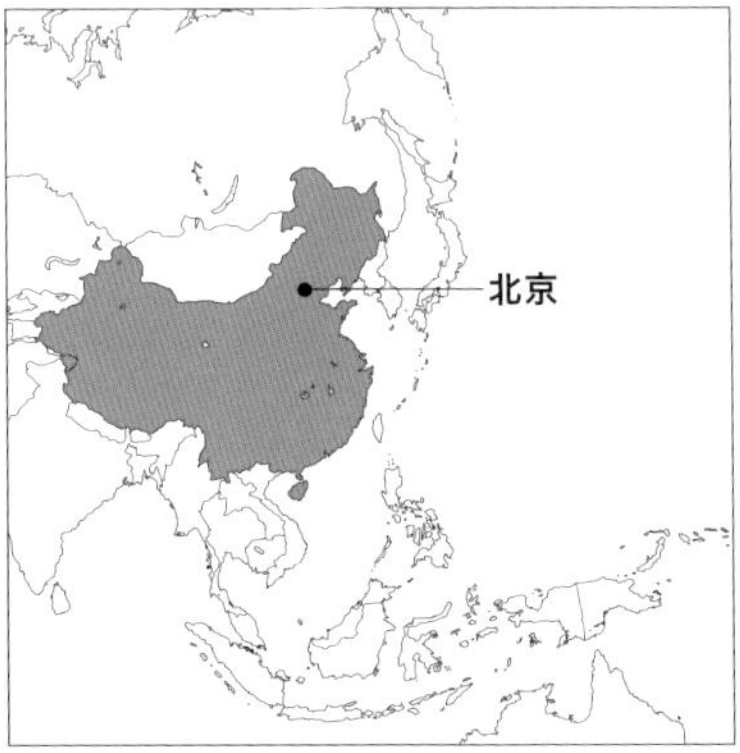

コーヒー関連情報

主な産地	雲南省(アラビカ種)。海南省、福建省(ロブスタ種)
総生産量	N/A
生産国ランキング	ランク外

One Point

中国南部、山深く少数民族が多数暮らす雲南省。以前からプーアル茶で有名だが昨今はコーヒー栽培も盛んになりつつある。世界遺産・麗江は昔懐かしい瓦屋根の町並みで有名。

横浜と神戸の中華街で販売する缶コーヒーを雲南省産で作るプロジェクトがあり、原料の調査を命じられた僕は、１９９４年５月に香港経由で省都・昆明に入りました。産地の保山へのフライトは週に１便しかなく、芒市まで飛んでから陸路で保山に行きました。最近でこそ保山も大きくなったようですが、当時はホテルすらありませんでした。そこで用意されたのが、中国共産党の幹部が訪問した時に宿泊するゲストハウスでした。

19世紀後半、キリスト教の宣教師が自分たちが飲むコーヒーを栽培したのが中国産コーヒーの起源と言われます。１９５６年以降には栽培が本格化してブラジルからムンドノボ種を導入、91年にはゼネラルフーズがサビ病耐性のあるカティモールを紹介し、一気に広まったそうです。

約１万ｔのアラビカ種が、国内消

保山への陸路の玄関口となる雲南省大理。麗江と並んで観光的にも有名な中国の昔町だ。

費用としてミャンマーとの国境地域で生産されていました。品種はほとんどがサビ病耐性品種。「ウチはティピカを植えている」と話す生産者に会いましたが、畑にはティピカとは似ても似つかぬ樹がありました。知識がないまま人海戦術で植えている感じで、精選面も同様でした。

　使っている機械がコーヒー専用ではなく精米機の転用だったり、豆のサイズを選別するメッシュが世界規格とはまったく違ったり。その割に価格は当時の国際相場の倍近くを請求するので、僕は「品質チェックをさせて欲しい」と頼みました。

　カップテストの準備を依頼したつもりでしたが、白衣を着た人が白い紙の上に微粉状に挽いたコーヒーを持ってきました。不思議に思って尋ねると、「それでもコーヒーのプロか？ 品質チェックのやり方を知らないのか」とのこと。

　喧嘩をしても始まらないので、あなたのやり方を教えてくれと頼んだら、その人は、まるで麻薬（コカイン）の品質をチェックするように小指の先に粉をつけて舌に乗せました。

　僕は冗談のつもりでコーヒーの粉を細長く縦に揃えて、「鼻で吸って上物か確認するから、ストローをくれ」と言ってみましたが、笑いは起こりませんでした。当時はコーヒーについての技術や知識がまったく普及していなかったのでしょう。

　その後も何回か雲南省に通って技術的なアドバイスをしたものの、栽培も精選も「品質より収量重視」の姿勢は変わりませんでした。

　しかし時を経た２０１９年の日本スペシャルティコーヒー協会の展示会では、雲南珈琲がプラチナスポンサーになっていて驚きました。ブースに寄ると、25年の間にずいぶん進化していました。

スマトラ島のマンデリンが昔から有名

インドネシア

Republic of Indonesia

インドネシア共和国

DATA

首都	ジャカルタ
面積	192万㎢（日本の約5倍）
人口	2.7億人（2020年、インドネシア政府統計）
言語	インドネシア語
民族	約300（ジャワ人、スンダ人、マドゥーラ人などのマレー系、パプア人などのメラネシア系、中華系、アラブ系、インド系など）
宗教	イスラム教（86.69％）、キリスト教（10.72％）、ヒンズー教（1.74％）、仏教（0.77％）など
主要産業	製造業、農林水産業（パーム油、ゴム、米、ココア、コーヒー豆など）、卸売・小売、建設、鉱業
通貨	ルピア

コーヒー関連情報

主な産地	北スマトラ、南スマトラ、アチェ、東ジャワ、中部ジャワ、南スラウェシ、バリ島
総生産量	1143万3000袋（2019～20年）
生産国ランキング	第4位

One Point

スマトラ島のマンデリンは、独特なスマトラ式精選に由来する香味でお馴染み。コーヒー栽培の歴史は古く、他にトラジャやバリ島バトゥール山周辺などにも産地が広がる。

前職の会社が、北スマトラ州で華僑系コーヒー輸出会社とマンデリンコーヒー農園開発の合弁会社設立を決めた1994年以降、本格的にインドネシアに通うようになりました。反共政策のスハルト政権下で、華僑の人々は中国語の使用を制限され、イスラム風の名前を名乗っていて違和感がありましたし、これだけ華僑が住んでいるのにチャイナタウンがないのも不思議に感じました。

合弁会社設立前、国内各地を訪ねて調査しましたが、改めてこの国のコーヒーの歴史の深さを知りました。すべて書くにはスペースが足りませんから品種の話だけをしましょう。

1699年、インド経由でイエメンからティピカが紹介され、全国で栽培が始まる。

1878年、セイロン島からサビ病が伝染し壊滅的打撃。オランダ人がアンゴラからデウェヴレイ種エク

ベースキャンプ前に毎朝全員集まり、朝礼を行った。この時も村単位で並んでもらうように工夫し、その日の作業内容とエリアを説明した。

セルサを導入。

1900年、オランダ人がサビ病に強いロブスタを紹介し、これを機にアラビカ種の生産量が減少してロブスタがメインになる。

1930年、オランダ政府がエチオピアにサビ病調査団を派遣し、アビシニア・バラエティ（AB variety）と呼ばれる栽培種を持ち帰る。これが後にカメルーンに送られてジャワティピカと呼ばれるようになった。

1952年、アメリカ連邦農務省（USDA）の資金協力で、インドコーヒー研究所から40種類以上の栽培種を実験用に輸入。この栽培種を総称してS-linesと呼ぶ。

1956年、USDAの資金援助とポルトガルのサビ病研究所（CIFC）の協力で、エチオピアからティピカの種子を導入。この栽培種をUSDAと呼ぶ。

1962年、カトゥーラ種が紹介

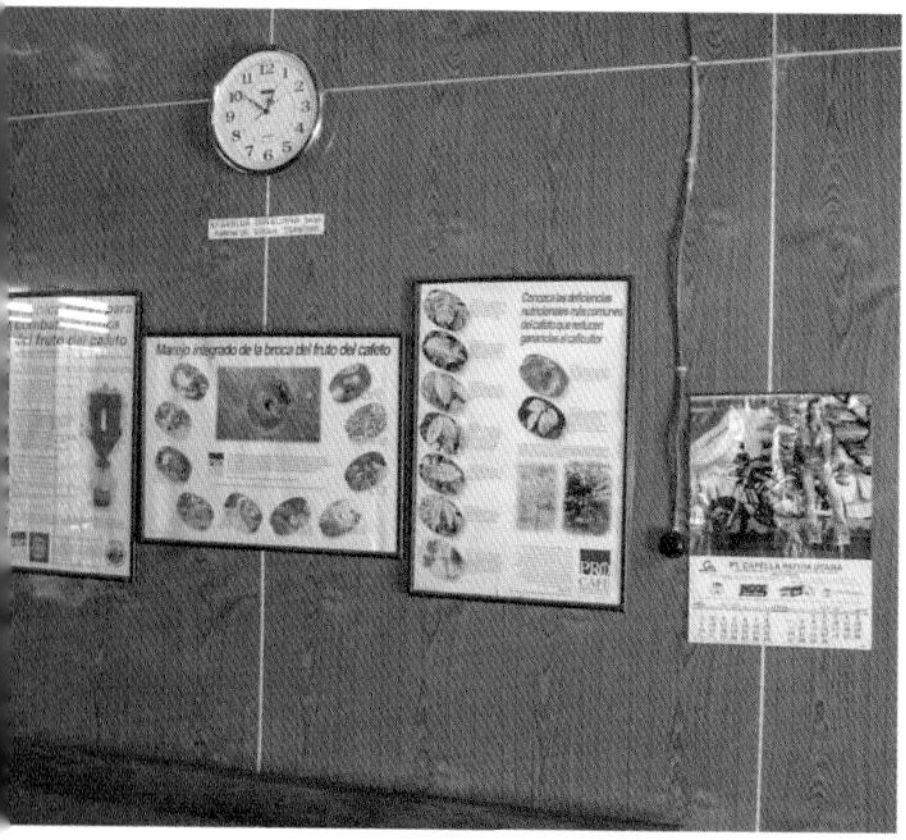

左上／屋根つきのアフリカンベッド。**他3点**／農園では電気のない生活で、日が暮れる前に水浴びをしていた。村への買い出しは豊富な果物も楽しみ。

される。

本来のマンデリンコーヒーを復活させるのが、僕らのプロジェクトの目的でした。

マンデリン族がリントン種（ティピカ系）を植えてセミウォッシュトで精選したのが本来のマンデリンコーヒーです。このプロセスは他国のセミウォッシュトとは違い、果皮を取り除いてミューシレージ（粘液）が付いたまま半日ほど天日で乾燥、生乾きの状態で脱穀してから再び乾燥させます。この独自の製法で作った豆をアサランコーヒーと呼びますが、それもウォッシュトに変わり、栽培種もリントン種ではなく矮性のサビ病耐性種に変わっていました。

当時僕が住んでいたハワイ島から北スマトラ州に行くには、首都ジャカルタ経由よりもシンガポールから州都メダンに飛ぶ方が便利でした。

そこから内陸のシディカランまで車で4時間半走り、四輪駆動車に乗り換えて悪路を1時間半。ようやく100haの耕作予定地に着きました。

最初の2年間は板の間の宿舎に寝袋生活。電気はなく、水は天水をドラム缶に集めたもの。2~3か月おきにハワイから行き、10日ほど滞在しました。

労働力は周辺の集落から雇ったものの、民族や宗教が違うので、諍いを避けるために村単位で作業を分けて違う場所で仕事をしてもらいました。これは、初めての経験でよい勉強になりました。

数年後にベースキャンプが新築されベッドで寝られるようになり、夜の3時間は発電機で明るい夜を過ごせるようになりましたが、ドラム缶からの水浴びは相変わらずでした。

1998年頃にはスマトラ島北端のアチェ州に調査に行きました。アチェ州産のガヨマウンテンコーヒーが、日本でマンデリンとして流通していたからです。主要な天然ガスの産出地でその他の資源も豊富、厳格なイスラム教徒が多いアチェ州では、分離独立を掲げる反政府勢力と政府軍の戦いが続いていました。

そのせいか、メダンから州都バンダ・アチェへの定期便はなし。陸路では約600km。順調に行っても13時間掛かるし、「山中はゲリラがいて危険」と止められました。

そこでバンダ・アチェにあるアメリカの天然ガスの会社が、社員の行き来や物資調達のためにメダンに毎日小型のジェット機を飛ばしていたので、そこに頼み込んで乗せてもらいました。

バンダ・アチェは重苦しい雰囲気の街でした。生産者グループとも会合を持ちましたが、貧しい小農家ばかり。ガヨマウンテンコーヒーを広めたいという気持ちは強いものの、自分たちのコーヒーがマンデリンとして売られてしまっているとは知りませんでした。

アチェ州に平和が訪れたのは、皮肉にも2004年のスマトラ沖地震の甚大な被害がきっかけです。政府軍とゲリラが協力して復興事業にあたりました。今ではガヨマウンテンとして世界で売られているのは嬉しいことです。

まったくのゼロからの農園開発で紆余曲折あったものの、その甲斐あってコーヒーの樹は順調に育ってくれた。

ここで生まれたハイブリッド ティモールがサビ病耐性品種のルーツ

東ティモール

The Democratic Republic of Timor-Leste

東ティモール民主共和国

DATA

首都	ディリ
面積	1万4900㎢（東京・千葉・埼玉・神奈川とほぼ同じ）
人口	134万人（2022年、国勢調査）
言語	テトゥン語、ポルトガル語（以上公用語）。実用語としてインドネシア語、英語。その他30以上の方言語
民族	メラネシア系、パプア系。その他マレー系、中華系、欧州系およびその混血など
宗教	キリスト教（99.1％）、イスラム教（0.79％）
主要産業	農業（コメ、トウモロコシ、キャッサバ、ココナツ、コーヒーなど）、石油、天然ガス
通貨	アメリカ・ドル。硬貨は「センタボ（centavo）貨」

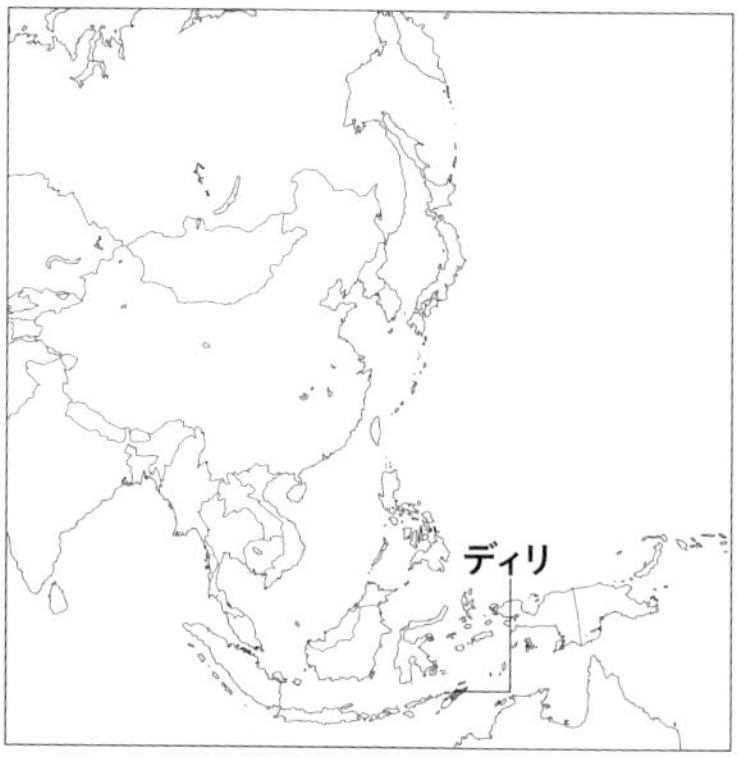

コーヒー関連情報

主な産地	エルメラ県レテフォホ郡、アイナロ県マウベシ郡、リキサ県リキサ郡
総生産量	10万3000袋（2019～20年）
生産国ランキング	第34位

One Point

自然界で偶然生まれたロブスタの血を引くアラビカ「ハイブリッド ティモール」はサビ病への耐性を持つ。現在、世界に広まっている耐性品種はこれを元にしたものだ。

インドネシアからの独立を目指す東ティモール独立革命戦線がゲリラ戦を展開し、インドネシア正規軍と対峙している状態の1998年に東ティモールに行きました。

この島で生まれたロブスタ種の血が混じったアラビカタイプのハイブリッド ティモールが、どんな環境で生まれたのか、そして叶うなら原木を見たくて、スマトラ島での仕事を済ませてから足を延ばしました。

東ティモールの中心都市であるディリ行きに乗るため、ジャワ島東部のスラバヤの空港に降り立ちました。当時の東ティモールはインドネシアの一部であったにもかかわらず、ディリ行きのフライトのチェックインではパスポート提示と荷物のチェックもありました。

到着したディリの空港は、非常に緊張していました。警備の兵隊がたくさんいて、眼光鋭い私服の公安も

天日でゆっくりと乾燥させたコーヒーを取り込む生産者。
写真提供／ピースウィンズ・ジャパン（77～79ページ）

目を光らせていました。

ディリは、旧宗主国ポルトガルの雰囲気を残した海辺の小さな街でした。食事も一般的なインドネシア料理とはまったく違い、ポルトガルと地元の要素が融合していて美味しかったです。そして何より、この島は特区としてポルトガルワインが無税で輸入されていて、安くて美味しいワインを毎晩堪能できました。

到着してすぐにハイブリッドティモールの情報を集めましたが、住民はあまり協力的ではありませんでした。山に入ろうとしても検問でインドネシア軍に追い返され、別のルートからトライしても同じで、最後には尋問まで受けました。そのうちに尾行されていることに気づき、これ以上動くと身に危険が及ぶと感じて僕は島を出ることにしたのです。

ハイブリッド ティモールの存在

上／レテフォホのコーヒー生産者。**下右**／熟した実をひとつずつ収穫。**下中**／手作りの木製パルパー（脱殻機）。**下左**／多くのコーヒーが森で育まれる。

が分かったのは、ポルトガル領時代の１９５２年です。

ロブスタ種はサビ病に強い特性があり、見た目もアラビカ種とは明らかに違います。染色体数もアラビカが44なのに対しロブスタは22で、両者が交配することはありません。

それにもかかわらず偶発的に異なる種が自然界で交配したのが、ロブスタの血を引くアラビカのハイブリッドティモールです。これを、自発的ハイブリッド化（Spontaneous hybridization）と呼びます。

サビ病に罹っていない、不思議なアラビカ種がポルトガル人農園で見つかったのです。その後ポルトガルのリスボン郊外、オイエラスに設立されたサビ病研究所（ＣＩＦＣ）でこの品種の研究が進みました。

つまり、現在世界で栽培されているサビ病耐性品種のルーツがこの東ティモールにあり、ＣＩＦＣによっ

上／朝のディリ。海の向こうにはアタウロ島を望む。**下右**／ディリ沿岸には美しい海が広がる。**下左**／市内はバイクや自動車が急増している。

て世界の生産国に送られたハイブリッドティモールを元に人工交配されたというわけです。

1975年にポルトガルが植民地放棄を決めて東ティモールは独立を宣言しましたが、インドネシア軍に侵攻・占領されてしまいました。人々に覇気がなく、警戒心も強くて外国人に非協力的だったのは、抑圧・監視されていたからでしょう。

国際社会がインドネシアの占領を非難して、99年に東ティモールの念願の独立が決定しました。ニュースを聞いた時、僕は「あの島にもようやく平和が来る」と喜びました。しかしインドネシア軍は撤退の際、東ティモール全土で徹底した破壊行為を行いました。ディリも破壊と略奪、放火で街の姿は変わってしまったと言われています。その復興に時間が掛かり、実質的な独立を果たしたのは2002年のことでした。

美しい海が望めるハワイ州のコーヒー農園

ハワイ

State of Hawaii, United States of America

アメリカ合衆国ハワイ州

DATA

州都	ホノルル
面積	1万6634㎢（2023年、在ホノルル日本国総領事館）
人口	144万人（2022年、国勢調査局）
言語	英語、ハワイ語
民族	白人、先住ハワイ人、アジア系ほか
宗教	カトリック、プロテスタント、仏教ほか
主要産業	観光業、基地関連収入
通貨	アメリカ・ドル

コーヒー関連情報

主な産地	ハワイ島（コナ、カウ）、マウイ島、モロカイ島、オアフ島、カウアイ島
総生産量	N/A
生産国ランキング	ランク外

One Point

斜陽となったサトウキビやパイナップルに代わってコーヒー栽培が栄えた。絶海の孤島ゆえの楽園だったが、昨今はサビ病や害虫の問題も発生し対策が急がれる。

1975年にエルサルバドルに留学した際のロサンゼルス便は、ホノルル経由でした。が、その時はまさかその後14年半もハワイに住むことになるとは夢にも思いませんでした。初めての飛行機、初めての海外、初めてのアメリカ入国手続きでガチガチに緊張していました。

1988年の5月頃にハワイコナコーヒーの開発プロジェクトが始まり、当時ジャマイカに住んでいた僕は、準備のためにジャマイカ－マイアミ－ダラス－ホノルル－コナと4回飛行機に乗って毎月通いました。初めてのコナ訪問では、降下していく飛行機の窓から見える景色が真っ黒な溶岩ばかりで、こんなところで本当にコーヒーが育つのかと不安になったものです。

ハワイ島は岐阜県と同じくらいの面積ですが、エリアによってまったく気候が違います。空港から北のリ

日中は海からの風と常夏の太陽、夜は火山からの冷たい風が吹き下ろすコナコーヒーの畑。標高は300～600m。海が見える珍しい産地だ。

ゾート地域は、年間２００㎜ほどしか雨が降りませんが、東海岸のヒロやハマクワ地区は３０００～５０００㎜以上。コーヒーが栽培されているコナは１３００～２０００㎜と、コーヒー栽培に適した降雨量です。

19世紀中頃から白人によってサトウキビ栽培が始まり、ハワイ王国の一大産業になりました。コーヒーはそれより以前に紹介されて栽培が始まったものの、サトウキビが取って代わりました。サトウキビはコーヒーよりも水を必要とし、機械化しやすい平地が適しています。

ハワイのビッグ5と呼ばれる5大企業は、すべてサトウキビ栽培と精糖工場で財を成しました。ハワイ島コナは平地も雨量も少なかったので、砂糖産業が入りませんでした。ですからコーヒー栽培が残ったのです。

19世紀前半にはパイナップルがハワイに伝わり、その後大きな産業に

上／ハワイ島以外の産地は、自走式収穫機を使っている。**下2点**／ハワイ名物のプレートランチ。マウイ島に行った際には必ずこの店で食べていた。

育ちました。パイナップルも高温を好みます。大量生産のために機械化しやすい平地にパイナップル畑が広がりました。ドールやデルモンテのような有名企業が、巨大な畑と缶詰工場を経営していました。

1989年4月にジャマイカからコナに引っ越し、本格的にコーヒー農園開発を始めました。

農園開発で苦労したのは、やはり溶岩でした。溶岩には、高温で粘性が低く滑らかな塊になる「パホエホエ溶岩」と、低温で粘性が高いため小さな岩の塊のようになる「アア溶岩」があります。土壌は溶岩に覆われているので、まずはブルドーザーで溶岩をどかして細かく砕き、次に土壌を掘り起こします。そこに砕いた溶岩を敷き詰めて土壌を被せて圃場を作りました。コーヒー畑の開発でブルドーザーまで使ったのは、初

ハワイ農業リサーチセンターで作られた、マラゴジッペとモカの人工交配種MAMO（マモ）の蕾とその後の開花。圧倒される迫力だ。

めての経験でした。

たまにパホエホエの下に地元でブルーロックと呼ばれた硬い岩盤が出てくると、その厚さと大きさを確認します。ブルドーザーの後部についているリッパーで砕くべきか、それともダイナマイト業者に依頼して爆破してもらう方が安く済むかの判断が必要になるのです。

一度、巨大な岩盤が出現して業者を呼びました。ダイナマイトを差し込むための穴をドリルで開けていきます。そしてダイナマイトを装着し、爆破で石が吹き飛ばないように古タイヤを何十個も岩盤の上に被せます。

ところが、あろうことかその業者はタイヤを置く前に起爆させてしまったのです。爆音とともに空中に無数の石が飛び散り、我々は慌てて逃げ惑いました。幸い怪我人こそ出なかったものの、近隣の家の屋根に被害を出してしまいました。

もちろんダイナマイト屋の大失態ですが、僕は依頼主として隣近所に謝罪に回りました。今となっては漫画のような話ですが、あの時は本当に真っ青になりました。

畑が完成しコーヒー樹を植えてからの問題は、野ブタでした。干ばつへの備えと液肥用にコーヒー畝に点滴灌漑の設備を施したので、乾期でもコーヒー樹の根元には野ブタが好んで食べる虫がいます。しかも野ブタは点滴灌漑のホースを食いちぎれば水を飲めることを知っていて、夜中に一家で食事に来ました。あの鼻で土を掘り返し、コーヒー樹をなぎ倒しながら虫を食べ、水を飲んで帰ります。朝農園に行くと、水が吹き出していて、そこには倒されたコーヒー樹がありました。毎年１４０本ほど被害に遭っていました。

そこで罠を仕掛けて生け取りにし

コナの日系人が発明した、家の天井と屋根を利用したパーチメントの乾燥場「HOSHIDANA（干し棚）」は、地元では標準語になっている。

て、ハワイの伝統料理・カルアピッグにして食べました。いささか残酷なようですが、屠殺した際に出た血を獣道に撒いておくと、数か月は野ブタが来なくなりました。

当時すでに砂糖産業もパイナップル産業も斜陽になっていて、各島でコーヒー栽培が始まっていました。栄華を極めたふたつの産業が、皮肉にも、生き残りをコーヒーに賭けたのです。

もともとサトウキビやパイナップルのプランテーションがコーヒー畑に変わったので、どこの島のコーヒー園も巨大です。それに対しコナコーヒーは、約800戸の小農家が栽培に従事していました。

砂糖は世界的に需要が減ったことと生産コストの問題で、またパイナップルはフィリピンなどの他の熱帯地域産に市場を奪われて衰退していきました。現在ハワイ州でコーヒー栽培が行われている地域は左の表にある島々です。

太平洋の絶海の孤島ハワイは、コ

ハワイ各島の往時の作物

地域	以前栽培していた作物
カウアイ島	サトウキビ
オアフ島	パイナップル
モロカイ島	パイナップル
マウイ島	サトウキビ
ハワイ島カウ地区	サトウキビ

1900年代にコナに移住した日系コーヒー生産者・ウチダさんの住居跡が、コナコーヒーの歴史を伝える博物館として利用されている。

ーヒーの楽園だったとも言えます。外界から断絶しているがゆえに、世界中のコーヒー畑で恐れられた葉につくサビ病も、コーヒーチェリーを食べてしまうCBB（コーヒーベリーボアラー）も長らく存在しなかったのです。

　しかしながらCBBは、2010年に初めて見つかり多大な被害を及ぼしました。そして2020年にはサビ病の上陸も確認されました。

　僕は、この時が来ることは覚悟していました。アメリカでスペシャルティコーヒーブームが始まった1990年代中頃から、投資家たちの大農園開発が始まり、またリタイアしたり後継者がいない日系生産者の土地を借りたり買ったりするアメリカ本土からの生産者が増えました。

　そのような人々が中南米の産地を訪問することも増えました。しかし彼らにはコーヒーの知識がなく、結果的に害虫や病害を持ち込んでしまったのだと思います。

　コナに住んでいた当時から農園開発と産地調査や買い付けで世界の生産国を旅していましたが、僕自身は決してハワイに直接帰ることはしませんでした。必ずコーヒーを栽培しない国に3日以上滞在し、衣類を全部洗濯し、スーツケースと靴をすべてアルコール消毒してから帰るようにしていたのです。

　アフリカにはコーヒーの実につくCBD（coffee berry disease）という病気があるので、ハワイ州にはアフリカのコーヒーを輸入することはできない州法がありましたが、自己隔離については手薄でした。

　僕はハワイ州農務局に「コーヒー生産者が他の産地に訪問した場合の自己隔離を義務化するように」と提案しましたが、結局、受け入れてもらえなかったことは残念です。

コーヒーベルトから外れるサンタバーバラで栽培に挑戦中

カリフォルニア

State of California, United States of America

アメリカ合衆国カリフォルニア州

DATA

州都	サクラメント
面積	42.4万㎢
人口	3954万人
言語	主に英語
民族	ヒスパニック、白人、アジア系、黒人ほか
宗教	主にキリスト教。信教の自由を憲法で保障
主要産業	貿易、観光、コンピューター・電子機器、農業（果実、野菜、酪農、ワインなど）、石油
通貨	アメリカ・ドル

コーヒー関連情報

主な産地	サンタバーバラ
総生産量	N/A
生産国ランキング	ランク外

One Point

サンタバーバラはかなり北に位置するものの、地中海性気候ゆえに熱帯植物を育てられる。意外な産地という点でもカリフォルニアコーヒーのブランド化に期待したい。

カリフォルニア州はナパのワイン産業で有名です。その発展に寄与したカリフォルニア大学デービス校の教授からコーヒー学科創設についての協力を依頼され、２０１４年から同校に行くようになりました。

翌年２月には「州内のサンタバーバラ市でコーヒーを栽培するアメリカ人がいるので、一緒に訪ねてアドバイスして欲しい」と言われ、教授の運転する車で向かいました。近くの畑を見に行くような感じでしたが実際は６００kmも離れていて、アメリカの広さと高速道路網の発展を実感しました。

しかしロサンゼルスよりも北にありコーヒーベルトから大きく外れる北緯34度のサンタバーバラで本当にコーヒーが育つのかどうか、疑問を持ちながらのドライブでした。

農園は市の郊外、山道を15分ほど走ったところにありました。そして

上／サンタバーバラの谷間の畑では、元気よくコーヒー樹が育っている。**右下**／温室で苗を育てて、コーヒー栽培を希望する人に販売し技術指導もしている。**中下・左下**／収量がまだ少ないので、農園の経営を安定化させるためにバラエティに富んだ熱帯果樹も栽培し、週末に市内で開催されるファーマーズマーケットで販売している。

温室ではなく路地植えで、たわわに実がつき、葉が茂ったコーヒーが並んでいました。また、収入を安定させるためにドラゴンフルーツやアテモヤ、チェリモヤ、フルーツキャビア、ライムなどの付加価値の高い熱帯果樹も植えていました。

農園主によると、サンタバーバラは地中海性気候で一番寒い12月〜1月でも最高気温は18度あり、最低気温も6度までしか下がらないそうです。また、一般的には山脈は海岸に沿って南北に走るものですが、この地域は「非常に珍しいことに海と直角の東西方向に山並みが連なっていて、この農園のある谷に温かい風が入ってくるので」熱帯植物の栽培が可能だと説明を受けました。

収量はまだ少なかったですが、農園主はカリフォルニアコーヒーをブランド化しようと頑張っていたのが印象的でした。

大消費地アメリカに近い国でクオリティは今後に期待

メキシコ

United Mexican States

メキシコ合衆国

DATA

州都	メキシコ市
面積	196万km²（日本の約5倍）
人口	1億2601万人（2020年、国立統計地理情報院）
言語	スペイン語。先住民族の言語が60以上存在
民族	メスティーソ（スペインなどの欧州系と先住民の混血。60%）、先住民（30%）、スペインなどの欧州系（9%）ほか（2021年、国際協力銀行）
宗教	カトリック（約70%）
主要産業	工業製品、自動車、電子・電気機器、鉱産物、原油、農産・林産物
通貨	メキシコ・ペソ

コーヒー関連情報

主な産地	チアパス州、ベラクルス州、プエブラ州
総生産量	398万5000袋（2019〜20年）
生産国ランキング	第9位

One Point

大消費地であるアメリカが隣国。大規模農園は野菜や果物が主流で、コーヒーについてはまだまだの印象。中米に向かう旅の玄関口でもある。

1976年、初めてメキシコに行きました。エルサルバドルのコーヒー研究所での勉強も2年目に入り、現地の生活やスペイン語にも慣れてきた僕は、近隣生産国への訪問を考え始めました。所長に頼んで紹介状を書いてもらい、メキシココーヒー院（INMECAFE）を訪ねました。

自分の車に荷物を積み込んでエルサルバドルの首都サンサルバドルを出発、太平洋沿いに北上し、その日のうちにグアテマラを通過してメキシコ国境の街タパチューラまで。約500kmの快適なドライブでした。

翌日はタパチューラからオアハカまで約700km走り、3日目には500km走ってメキシコの首都、メキシコ市を目指しました。

メキシコ市は巨大な都市だと聞いていたので、サルバドルの田舎から来た僕は恐れ慄《おのの》いてなるべく早く到着するよう、オアハカの宿を暗いう

上／メキシコ市、夕暮れ時のグアダルーペ寺院。北米メキシコをはじめ中南米でも愛される、褐色の肌の聖母のために建てられた教会だ。**左2点**／街の中心部セントロには歴史的な建物も多く残っている。写真の店は老舗のカフェ・ヴィラリアス。焙煎豆を買いに来た地元の人たちが並んでいた。写真／北山早智（89〜91ページ）

ちに出発しました。カーナビもまだなく地図だけが頼りゆえ、市街を出てすぐ、南シェラマドレ山脈の中で道に迷ってしまいました。

途方に暮れて泣き出したくなった頃、目に入ったのが峠の茶屋のような食堂でした。大型トラックが連なる駐車場に車を停めて中に入ると、食事をしながら談笑していた運転手たちがいっせいにジロリと見ます。こんな山中で早朝にアジア人が来るなんて、彼らも驚いたのでしょう。

ひとりのメキシコ人が話しかけてきたので、「エルサルバドルから来た日本人で、メキシコ市を目指していて道に迷った」と告げました。

どうやらこの店の朝食は、どんぶりのような素焼きのカップになみなみと注がれた砂糖入りのミルクコーヒーとバゲットと決まっているようで、ウェイトレスが僕の前にドンと置いて行きました。その間にどんど

オアハカのサント・ドミンゴ教会。夕方の教会前は道端でものを売る人やお喋りに花を咲かせる人たちでいつも賑わっている。

ん運転手たちが集まって、詳しく地図を説明してくれました。そのうちのひとりが、「分かりやすいところまで案内するから、俺のトラックについて来い」と言ってくれました。

ホッとして飲んだあのコーヒーの味は、今でも忘れられません。

メキシコ市のレフォルマ大通りに面したコーヒー院本部は驚くほど立派なビルで、1階にCafé y Arte（コーヒーと芸術）という直営店を構え、そこにはコーヒーのアレンジメニューがたくさんありました。

そして我が所長からの紹介状はやはり強力で、メキシココーヒー院の人たちはとても親切に説明をしてくれました。そして「栽培や育種のことを知りたいなら」と、ベラクルス州ハラパにあった同院の研究所訪問の手配まで……。僕がハラパまでさらに３００km走って研究所を訪ねた

右／10月末日から3日間は「死者の日」。町じゅうにガイコツがあふれる賑やかな祭りとしてお馴染みだ。**中**／7月に催されるゲラゲッツァのパレード。州内の先住民の民族衣装と踊りが見られる国内最大の祭り。**左**／オアハカ近郊のアツォンパで。製陶で知られる小さな村で、モトタクシーと呼ばれる三輪バイクが走っている。

のは、言うまでもありません。

ここでも親切にしてもらいましたが、研究レベルはエルサルバドルの方がだいぶ進んでいて、政府の取り組みも強くはありませんでした。

メキシコは大国で大規模農園の野菜や果物もあるし、石油も採れます。ゆえにコーヒー産業にさほど大きな期待をしていないのでしょう。隣国に巨大な消費地アメリカがあってどんなコーヒーでも買ってくれるし、陸路で簡単に運べます。

このメキシココーヒー院はその後本部をハラパに移し、残念ながら1989年に解散となりました。

昨今のスペシャルティコーヒーブームを受けて、今ではチアパス州やベラクルス州で民間主導のコーヒー栽培が積極的に行われています。

僕の旅の話に戻ると、ハラパ以降はマヤ文明の遺跡を訪ねました。

ユカタン半島を一周してパレンケ、カンペチエ、ウシュマル、チチエン・イッツア、トゥルムの遺跡を訪れ、そこから当時の英領ホンジュラス（現在のベリーズ）に入ってカラコル遺跡に行きました。そしてグアテマラのジャングルに眠るティカル遺跡に寄って、南下してエルサルバドルに帰る予定にしていました。

ところが季節外れの大雨が降り、国境手前のジャングルで車がぬかるみに嵌まってしまいました。6時間近く経っても車も人も通らず、ジャガーが住むこのジャングルでどうなるのだろうと心細くなりました。

しかしようやく通り掛かったトラクターに救われて、これよりは先は無理だと言われて引き返しました。そこで再びメキシコに入り、遠回りしてエルサルバドルに帰りました。ひと月で実に1万2000kmを走破した、思い出深い旅でした。

Column

02

世界のコーヒーショップ

コーヒーの産地では、なかなか美味しいコーヒーを飲めません。
外貨獲得のために品質のいいコーヒーは輸出に回され、
国内消費用には低級品が使われているからです。
とはいえ世界を旅していると、忘れ難いお店との出合いがあります。

キューバ・ハバナ

カフェ・エル・エスコリアル（El Escorial）とオライリー（O' Reilly）は、必ず行く店です。どちらも焙煎機を置いて豆の販売をしています。カフェでコーヒーを飲むのは観光客で、地元の人たちは焙煎豆を買いに来ています。

世界中の産地を訪ねてきましたが、焙煎屋があって地元の人々が買いに来る光景を見たのは、イエメンとキューバだけです。

アメリカからの経済制裁で人々の暮らしは非常に厳しいと聞きますが、キューバ人にコーヒーは欠かせないとのことで、焙煎が上がると列をなしてフレッシュローストを買っていました。上質なアラビカ種は輸出に回すので、飲めるコーヒーは低級品のアラビカ種かロブスタ種ですが、歴史を感じる店構えとキューバのコーヒー文化を楽しむために行っています。

上／カフェ・エル・エスコリアルは、ハバナ・ビエハ（オールドハバナ）と呼ばれる旧市街の広場に面したコーヒーショップ。下／オライリーは路地を入ったところにある落ち着いた雰囲気で、店内の螺旋階段が印象的。どちらの店も古き良き時代の思い出が生きている。

国境のアーミーカフェは、屋外に席が並ぶ開放的な店。兵隊さんが恥ずかしそうにコーヒーを淹れてくれるのが面白い。

タイ・チェンライ

タイのミャンマー国境にあるアーミーカフェ。以前は両国の関係悪化で国境線が緊張していた時期もあったそうです。一帯はかつて「ゴールデントライアングル」と呼ばれたアヘンの最大生産地で、当時は危険で一般人は入れませんでした。この地域とアヘンを支配していたモン・タイ軍の指導者クンサーの基地を訪ねましたが、あまりの近さに驚きました。現在ではタイ側でのアヘン栽培はなくなり、破壊された森も完全に復活しています。国境を警備する陸軍の基地にあるアーミーカフェは、一般向けに営業していて、兵隊さんがコーヒーを淹れてくれます。平和を感じさせてくれるカフェです。

タンザニア・モシ

キリマンジャロコーヒーのオークションが開催される、モシ市内のユニオンカフェも必ず寄ってしまう店です。1933年に設立されたキリマンジャロ先住民協同組合（KNCU）が経営するこの店は、街の中心にあります。モシはキリマンジャロ登山の街としても有名なので、店は登山客でいつも賑わっています。

大通りの角にあって店名も大きく書かれているので、迷うことはない。キリマンジャロ登山に来た山男や国際NGO職員などで、客層は実にインターナショナルだ。

とても素朴で気持ちいい風が印象的な店。お母さんが手作りした地元のお菓子と一緒にいただいた。言葉はまったく通じなかったけれど、コーヒーを扱っている人間同士の親しみを感じられた。

マダガスカル・マハノロ

今でもこの店があるかは定かではありませんし、店の名前も覚えていません。マダガスカルで低カフェインの交配種の実験をしていた当時、野生種のコーヒーを探しに東海岸を南下する最中にマハノロの村で見つけたコーヒーショップです。

焙煎の香りに引き寄せられて店に辿り着きました。お母さんが土鍋でコーヒーを焙煎し、息子が臼で突いて挽き、それを一風変わった籠のフィルターで淹れる店でした。壁もないオープンのコーヒーショップですが、まったりとした時間を過ごした思い出深い一軒です。

世界を旅するコーヒー事典
Coffee encyclopedia for traveling the world

中米・カリブ海編

グアテマラ／ベリーズ／ホンジュラス／エルサルバドル／ニカラグア／コスタリカ／パナマ／キューバ／ジャマイカ／ドミニカ共和国／プエルトリコ

グアテマラやコスタリカ、ジャマイカなど
美味しいコーヒーの産地としてよく名が
挙がるのが中米やカリブ海の一帯です。
気候的にも栽培適地が多く
そのポテンシャルが高いだけに
往年の名産地の復活も望まれます。

火山の麓の古都アンティグアを筆頭とするメジャーな生産国

グアテマラ

Republic of Guatemala

グアテマラ共和国

DATA

首都	グアテマラ市
面積	10.9万㎢（北海道＋四国よりやや広い）
人口	約1711万人（2021年、世銀〈推定〉）
言語	スペイン語（公用語）、その他22のマヤ系言語など
民族	マヤ系先住民、メスティーソ（欧州系と先住民の混血）・欧州系、その他（ガリフナ族、シンカ族など）
宗教	カトリック、プロテスタントなど
主要産業	農業（コーヒー、バナナ、砂糖、カルダモン、食用油脂）、繊維産業
通貨	ケツァル

コーヒー関連情報

主な産地	アンティグア、アカテナンゴ、サンマルコス、ウエウエテナンゴ、コバンなど
総生産量	360万6000袋（2019〜20年）
生産国ランキング	第11位

One Point

アンティグア郊外のサンセバスチャン農園は、品質重視の姿勢を再認識させられる優れた農園。標高2000mの高高地で栽培する希少なコーヒーの味も楽しみだ。

グアテマラは数えきれないくらい訪問しましたが、一番最初に行った時のことは鮮明に覚えています。

僕は1975年1月にエルサルバドルに留学しました。ホームステイ先の家に落ち着き、日本大使館に在留邦人届を提出すると、数日後に書記官に呼び出され、観光ビザしか持っていないから長期滞在はできないが、どうするのかと聞かれました。

目の前が真っ暗になりました。何と東京のエルサルバドル大使館のミスで、学生ビザが取得されていなかったのです。

書記官からは「一度帰国して正式な学生ビザを発給してもらうか、このまま残って弁護士を雇うか、自分で頑張って申請して取るか」の3択だとアドバイスを受けました。そこで、何でも経験だと思って自分で取ることにしました。

しかしそれが本当に難しく、あっ

アンティグアにて。スペイン人が中南米に作った都市は中央公園が街の中心だ。背後のアグア火山は地元の日本人からグアテマラ富士と呼ばれている。

という間に3か月の観光ビザが切れる日が迫り、隣国のグアテマラに出国したのが初めての訪問でした。

サンサルバドルからパンアメリカン・ハイウェイを走る長距離バスに乗り、グアテマラ市まで行きました。まだスペイン語も満足に話せないし、陸路で国境を越えるなんて初めての経験で緊張しました。

ようやくグアテマラ市に到着し、そのまま路線バスでコーヒーの産地アンティグアを目指しました。

アンティグアはスペイン植民地時代のグアテマラの首都で、1979年に世界遺産に登録されてから一大観光地になりましたが、僕が行ったのはそれ以前の静かな時代で、本当にのんびりした美しい街でした。

そしてコーヒー畑に囲まれた街でもあり、歩いて街と畑を散策しました。その時はまだ、将来僕に大きな影響を与える農園と生産者に出会い、

日射量が減る雨期に入る前の、シェードツリーの枝落とし。霜害のリスクがあるアンティグアでは、霜に強いグラビレアという木を使っている。

毎年アンティグアに来るようになるとは思いも及びませんでした。

エルサルバドルに戻ると、再び3か月の観光ビザを付与され、内務省に書類不備で何回も突き返されながら、7回目の申請で学生ビザを取得しました。

中南米には、かつて多くのドイツ人移民がやってきました。グアテマラには、ドイツ系のコーヒー輸出会社が多数あり、高級品はほとんどドイツに輸出されていました。彼らの大半が第二次世界大戦前に移住した人たちで、持ち前の勤勉さで各方面で成功しました。しかし戦争が始まるとグアテマラは連合国側につきました。ドイツに帰国する人もいた一方、残ったドイツ人は財産を剥奪されました。が、戦後は再びビジネスを起こして復活したそうです。

ある時、ドイツ訛りのスペイン語

右／フエゴ火山とアカテナンゴ火山を望むサンセバスチャン農園の乾燥場。**左**／アンティグアの街では先住民の民芸品売り場を覗くのも楽しみ。

を話すコーヒーディーラーがいたので、いつからこの世界に入ったのかと聞いたら、「14歳の時に、ドイツのブレーメンのコーヒー会社でメッセンジャーボーイとして雇われてからだ。その後仕事を覚えて社長にスカウトされてグアテマラに来た」。

日本とは、コーヒーの歴史も業界の厚みも違うと実感しました。

以前は、ドイツ系に限らず民族系の独立したコーヒー輸出会社が各国にありました。それぞれ個性的な社長や社員がいて、話を聞くのが楽しみでした。しかし国際相場が暴落する度にこうした会社は潰れたり、巨大な多国籍のトレーダーに買収されたりして少なくなりました。

1989年、グアテマラ市内に住むエルサルバドル時代の恩師に会いに行きました。

エルサルバドルの内戦下では、反政府ゲリラは、資産家や国に貢献し影響力のある人々を脅迫・誘拐することを戦術としていました。コーヒー産業も資産家のビジネスとして目の敵にし、優秀な若手研究者で政治的には中立だった恩師に「24時間以内に国から出て行け」と脅迫しました。それで家族でグアテマラ市内の家に避難していたのです。

久々の再会でしたが、当時の僕には世界で一番高価なジャマイカ・ブルーマウンテンの農園を一挙に3か所も開発した自負があり、今思えば天狗になっていたと思います。

それでも先生はやさしく笑顔で最後まで話を聞いてくれ、「参考になる農園を案内しよう」と言いました。それが、アンティグア郊外にあるサンセバスチャン農園でした。

開園99年のその農園は4代目のマリオ・ファジャが総支配人でした。驚くほど整備・管理された畑で、精

農園での作業が終わり、火を焚いて皆で世間話。楽しいひとときだ。標高が高いので季節によってはかなり寒くなる。

選工場の機械は古いながらも手入れが行き届き、天日乾燥場のコーヒーは素晴らしい仕上がりでした。ここまで完璧な農園はかつて見たことがなく、ジャマイカの農園など足元にも及びません。

しかし、そこで僕はバカな質問をマリオにしてしまったのです。

「世界相場が安いのにこんなに手を加えて、利益は出るのですか？」

当時はまだスペシャルティコーヒーブームが起きる前。オークションコーヒーなどなかった時代で、ジャマイカのコーヒー以外はすべてニューヨークとロンドンの市場で価格が決まっていました。

マリオはこう答えました。

「99年にわたるファジャ家伝統の品質を守るのが私の仕事。国際相場で品質を変えるなどもってのほかだ」

頭を思いっきり殴られたほどショックでした。先生は、お前みたいな

上／グアテマラ北西部には、隣国メキシコやベリーズにまで及ぶ広大なペテンのジャングルがある。そこにそびえ立つピラミッドがこのティカル遺跡群。世界遺産に登録される前に行ったので、すべてのピラミッドの頂上を制覇できた。現在は安全対策と遺跡保護のため、頂上には登れない。**右**／人懐っこいハナグマが出迎えてくれた。

経験もない若造がいい気になるなと伝えたかったのでしょう。本当に恥ずかしかったのを覚えています。

この農園のブルボンの品質を日本市場に伝えたいと思い、当時働いていた会社に詳細情報を添えて打診しました。しかし、いっこうにOKの返事をもらえず、業を煮やして勝手に発注し、1コンテナを契約してしまいました。

もちろん本社からは大目玉を食らいましたが、「これからは品質を求められる時代が絶対来る」と自信を持って説明しました。

以後も中米に行く際は、必ずこの農園を訪ねました。伝統を重んじるだけでなく常に高みを目指して改革していく姿勢が好きだったし、学ぶことが多かったからです。

2000年には、農園の最高高度の畑をマリオと一緒に歩きました。さらに上に桃畑があると聞き、そこまで連れて行ってもらいました。標高2000mの高地の桃畑を見た時、僕は思わず言いました。

「ここにコーヒーを植えようよ。この畑なら素晴らしく密度の高い、硬いコーヒー豆ができるはず」

マリオの答えはこうでした。

「気温が低いからリスクはあるし、成長が遅くて収量も多くは望めない。けれどお前が言うように、『最高に美味しいコーヒー』ができるに違いない。やってみるか！」

これまでアンティグア地域の畑の最高高度は1800mほどで、2000mのコーヒー畑は存在しませんでした。

残念ながらマリオは農園で心臓発作を起こし、この畑の収穫を見ずして永眠しました。しかし、後を継いだファジャ家の従兄弟たちが今もこの畑を守っています。

グアテマラに隣接する国で、わずかにコーヒーを栽培

ベリーズ

Belize

ベリーズ

DATA

首都	ベルモパン
面積	2万2970㎢（四国より少し大きい）
人口	40.5万人（2021年、世銀）
言語	英語（公用語）、スペイン語、ベリーズ・クレオール語、モパン語など
民族	メスティーソ（48.7％）、クレオール（24.9％）、マヤ系（10.6％）、ガリフナ（6.1％）など
宗教	キリスト教（カトリック、プロテスタント、英国国教会など）ほか
主要産業	観光業、農業（砂糖、柑橘類、バナナ）、水産業
通貨	ベリーズ・ドル

コーヒー関連情報

主な産地	カヨー州、オレンジウォーク州
総生産量	N/A
生産国ランキング	ランク外

One Point

地図上では名産国グアテマラに隣接し好条件と思う向きもあるだろうが、栽培に適した寒暖差を作る山岳地帯が存在しない。コーヒー生産は細々となされている模様。

1976年、ベリーズに行きました。まだイギリスから独立する前で英領ホンジュラスと呼ばれていた頃でした。メキシコのコーヒー院に勉強に行った帰りに、ユカタン半島を旅してそのままベリーズに入りました。この国でコーヒーは栽培されておらず、完全に観光目的でした。

商業の中心地は沿岸部のベリーズ市でしたが、低地で洪水が起きやすいのか高床式の家が立ち並び、治安が悪いと見えて家々は壁で囲まれ鉄条網がついていたのを覚えています。ほとんどがアフリカ系の人々で、短いメインストリート沿いの商店は中国人の経営でした。

湿度が高く暑いベリーズ市から小型機に乗って、カリブ海に浮かぶ珊瑚礁で形成された島・サンペドロ島に向かいました。

今ではホテルやレストランが連なる有名観光地ですが、当時は民宿し

右／往時とは比較にならないほど大きく綺麗になったベリーズ市。左／地方には魅力的なマヤ文明の遺跡が残る。カリブ海と遺跡巡りがお勧めだ。

かなくとても素朴。自分の人生で出合った中で一番美しい海は、ここ、サンペドロ島の海でした。

民宿の夕食はパンとおかず1品。しかしそのおかずが、ある夜は伊勢エビ食べ放題だったり、茹でたエビの食べ放題だったりと豪快でした。

その後は本土に戻ってマヤ文明のカラコル遺跡へ。ベリーズ市ではアフリカ系の人々が英語で生活していましたが、他の地域にはインディオ系のスペイン語を話す人々が住んでいました。グアテマラの領土をイギリスが略奪し、アフリカから奴隷を連れてきた歴史があるためです。

ちなみに英語での国名はベリーズですが、スペイン語では濁らず「ベリース」となります。

また、僕がジャマイカで農園開発をしていた1985年頃、ニューヨークに出張した際に「どうしても会って欲しい」と知り合いを介して依頼があり、アメリカ人に会いました。ベリーズ中央部の首都ベルモパン周辺で農園開発をする予定で、栽培と精選が分からないのでアドバイザーになって欲しいという依頼でした。

しかしそこには栽培に適した山岳地帯がなく、最も高い山でも1200m以下。しかも険しくて登山もできない山なので、「やめた方がいい」とアドバイスしました。仮に可能性があったとしても、当時の僕はジャマイカのブルーマウンテン山脈の3か所で農園開発・管理を行い、買い付けで忙しく飛び回っていて時間がありませんでした。

後の2022年11月、台湾で催されたインターナショナル・コーヒーショーに行った際に、ベリーズのコーヒーブースを見掛けました。歴史はそれほど古くなく、あの時のアメリカ人ではないと思いますが、誰かが栽培を始めたのでしょう。

中米最大の生産国へと躍進。今後のクオリティに期待したい

ホンジュラス

Republic of Honduras

ホンジュラス共和国

DATA

首都	テグシガルパ
面積	11万2490㎢（日本の約1/3）
人口	975万人（2019年、世銀）
言語	スペイン語
民族	混血（91％）、先住民（6％）、アフリカ系（2％）、ヨーロッパ系（1％）
宗教	主にカトリック。憲法上信教の自由を保障
主要産業	農林水産業（コーヒー、バナナ、パーム油、養殖エビなど）、縫製産業、観光業
通貨	レンピラ

コーヒー関連情報

主な産地	サンタバルバラ、グラシアス、コマヤグア、チョルテカ、マルカラ
総生産量	593万1000袋（2019〜20年）
生産国ランキング	第6位

One Point

水洗加工したコーヒーチェリーを乾燥前に出荷する独特な流通形態が問題点。昨今スペシャルティコーヒーでもしばしば話題にのぼる国だけに、品質アップを期待したい。

隣国のエルサルバドルに長く住んでいましたが、ワールドカップ中米予選が引き金となって1969年に勃発した「サッカー戦争」の影響が当時はまだあり、ホンジュラスとは国交断絶の状態でした。僕は日本人ですからホンジュラスに行くことは問題ありませんが、僕の車にはエルサルバドルのナンバープレートがついているので、入国したら命の保障はありませんでした。

そんなわけで、僕にはホンジュラスは「近くて遠い」産地でした。

初めてホンジュラスを訪問したのは1983年2月。前職でジャマイカに駐在中で、本社からジャマイカ出張に来た専務のカバン持ち兼通訳としてホンジュラスに同行しました。立場上、自由に農園を訪ねることはできず、もっぱら輸出業者巡りの旅。しかし輸出業者の接待で、思いがけずマヤ文明のコパン遺跡に連れて行

手入れの行き届いた美しいコーヒー畑に青空が映える。この農園は新しい農園で、
管理がとてもよかった。

ってもらえたのはラッキーでした。

素晴らしい遺跡に感動したばかりでなく、そこで神戸大学の遺跡発掘チームの若い日本人学生に出会ったことが今でも印象に残っています。

その後、ひとりでホンジュラスに何回も行くようになりましたが、エルサルバドルから陸路で入国したことがあります。

ホンジュラスの主な産地はエルサルバドル国境の山岳地帯。ですから空路で入国して山に向かうより、エルサルバドルの産地を訪問してそのまま国境を越えた方がラクなのです。

出入国できる国境はいくつかありますが、その時僕が選んだのは地元で「Paso Mono（猿の通り道）」と呼ばれた国境。エルサルバドル側には入国管理事務所も税関もなかったので、そのまま国境を越えてホンジュラス側に入りました。

ホンジュラス側にはちゃんと事務

右／女性生産者グループの集荷に立ち会った。昔ながらの秤を使って、収穫したチェリーを計量する。皆が元気で明るく、笑い声につられて子どもたちも集まってくる。**左上**／農薬散布を終えて畑から戻ってきた労働者たち。**左下**／ホンジュラス人が好んで飲むのが、このアトゥル・デ・エロテ。トウモロコシベースの上にシナモンをかけた甘い温かい飲み物だ。

所があり、入国の手続きを済ませ、山岳地帯の産地を巡って別の国境からエルサルバドルに再入国。

が、そこで問題発生です。僕のパスポートに出国記録がないことを入国管理官が問題視したのです。

僕は自分に責任がないことを強調し、絶対に非を認めませんでした。難癖をつけて余計な金をせびろうとしているのが見え見えです。

「必要な金は払うが、あなたのＩＤを見せてくれ。納得できないから内務省に説明して返金してもらう」

と告げたら、管理官は胸のＩＤを机に押しつけて見えないようにし始めました。言われた金額をカウンターに置き、「早く受け取ってパスポートを返してくれ」と言うと、彼はその金すらも受け取らず、ただ入国スタンプだけを押してパスポートを突き返してきました。

こうしたトラブルは決して愉快な

収穫風景より。左は収穫したコーヒーチェリーの中から未熟豆を選り分けるソーティング作業。未熟豆はエグ味、雑味の原因になるので取り除く。なお、この未熟豆も捨てることはせず、価格の安いコーヒーに混ぜられたり、国内消費用として販売される。

ものではないですが、世界を旅していると現実に起こり得ます。冷静かつ断固とした姿勢で対処することが必要です。

2000年代に入り、政府とホンジュラスコーヒー研究所（IHCAFE）がコーヒー増産計画を推し進めた結果、700万袋台（1袋60kg）の生産をする、中米で一番の生産国に躍り出ました。

生産量が増えたのは喜ばしいことですが、根本的な課題、つまりコーヒーのプロセスの問題はそのままです。

当地では伝統的に、生産者は収穫したコーヒーチェリーを水洗式で加工して、水洗いが済んで濡れたままの状態のパーチメントで出荷します。各農家を回る集荷トラックが、水を垂れ流しながら山道を走っている光景をよく見掛けます。

発酵が済んだあとの経過時間がまちまちのパーチメントが、何時間もかかって乾燥・脱殻工場に持ち込まれ、そこで混ぜられて乾燥場に広げられます。これでは、品質が安定しないコーヒーになってしまいます。

そして、このような方法を取っているのはホンジュラスとニカラグアの一部だけです。

以前から僕は「流通方法を変えた方がいい」とアドバイスしてきましたが、この方法に慣れた農民たちが面倒だと思うのか、精選業者が反対しているのか分かりませんが、いっこうに変わりません。とはいえ、スペシャルティコーヒーを目指す生産者は、きちんと自分でプロセスして乾燥までを終わらせています。

筆者がコーヒー人生の基本を学んだ、かつての「コーヒー先進国」

エルサルバドル

Republic of El Salvador

エルサルバドル共和国

DATA

首都	サンサルバドル
面積	2万1040㎢（九州の約半分）
人口	649万人（2020年、世銀）
言語	スペイン語
民族	スペイン系白人と先住民の混血（84％）、先住民（5.6％）、ヨーロッパ系（10％）
宗教	カトリック
主要産業	軽工業（輸出向け繊維縫製産業）、農業（コーヒー、砂糖など）
通貨	アメリカ・ドル、ビットコイン

コーヒー関連情報

主な産地	サンタアナ、アワチャパン、サンミゲル、チャラテナンゴ
総生産量	66万1000袋（2019～20年）
生産国ランキング	第18位

One Point

往時の国立コーヒー研究所（ISIC）の研究レベルの高さと農事指導員の活動は素晴らしかったが、内戦で完全に衰退してしまった。素質十分な国だけに何とか復活して欲しいもの。

留学先の大学のスケジュールの関係から、在籍していた高校に頼んで卒業式を待たずに繰り上げ卒業させてもらい、1975年1月25日に羽田空港を発ち、ハワイ経由でロサンゼルスに行きそこで1泊、そこからさらにグアテマラで乗り換え、1月26日にエルサルバドルの首都サンサルバドルの空港に降り立ちました。まだ成田空港が開港する前で、1ドル300円の時代です。

この時は、勉強が終わったら帰国して、親が経営する静岡のコーヒー焙煎卸業を継ぐつもりでの渡航でした。しかしこの渡航で、僕の人生は大きく変わっていきました。

僕にはラテンの水がぴったり合ってしまい、そのうえ親に内緒で大学を休学して通い出した国立コーヒー研究所（ISIC／Instituto Salvadoreño de Investigaciones del Café）でコーヒー栽培の楽しさを知り、どっぷりと

またの名を「ボケロン」と呼ばれて親しまれるサンサルバドル火山と、裾野に広がる首都サンサルバドルの風景。1976年にこの山に登った。

浸ってしまったのです。

結果、「産地に残るので家業は継がない！」と宣言し、親には勘当されてしまいました。

遠路はるばるコーヒーを勉強に来た若い日本人は、現地では好意的に迎え入れてもらえました。エルサルバドルは中米で最小の国で資源も乏しかったものの、中米で一番の働き者の国民性で「中米の日本」とも言われる国だったので、それも理由のひとつなのかもしれません。

また、当時進出していた日本企業が現地に融合してたくさんの雇用を生んでいて、日本に対する印象も非常によかったのです。

ISICは、ブラジルのカンピーナス農業研究所（IAC／Instituto Agronômico de Campinaas)、コロンビアの中央コーヒー研究所（CENICAFE／Centro Nacional de Investigaciones

上／ソーティングされた完熟豆、未成熟豆、青豆。**中**／農園での昼食。主食のトルティージャと、小豆を塩味で炊いたフリフォーレスが配られる。農園のトルティージャは通常のものより約3倍大きく、チェンガと呼ばれる。**左**／収穫労働者が分けたチェリーはグレード別に計量して台帳に記され、2週間おきに代金が支払われる。

de Café）と並ぶ、当時の世界3大コーヒー研究所と言われたひとつでした。

九州の半分ほどしかない小国でありながら、1975年には世界第3位の生産量を誇りました。これもISICの栽培や病虫害駆除の研究が進んでいたことと、トレーニングを受けた所属の栽培指導員が全国に配置されていたためで、1haあたりの国平均収量は世界第1位でした。

ISICの本部はサンサルバドルから西に向かったサンタテクラ市にありました。栽培方法、病虫害、品種改良などを専門に研究をする課があり、それを生産者に指導する課がありました。また、サポートとして化学分析をするラボ、図書館、毎月出版される生産者向けのニュースレターや技術書、研究者たちの論文を印刷・製本する課もありました。所有車両が多く、修理工場とガソリンスタンドまであったほどです。

特に僕が大好きだった場所は、研究所の奥にあった「品種の庭園」。ここには、70種類以上の品種が区分けされて植えられていました。アラビカ種だけでなく、さまざまなコーヒーが植えられていました。この庭園で僕は品種の勉強に没頭しました。ここで採取した葉のサンプルは今でも大切に保管しています。

遺伝子課が、この庭園に植えられていたマラゴジッペと、エルサルバドルで生まれたブルボンからの突然変異種「パーカス」の人工交配種を作る実験をしていました。僕も同課の研修でこの交配を行いました。それが80年代に「パカマラ種」と名づけられて世に出たのです。僕にとって、格段に思い出深い品種です。

こうした素晴らしい環境で勉強できたのは僕のコーヒー人生の中でも実に幸運でしたし、コーヒーマンと

右／ソーティングを終えた両親を迎えに来た子どもと。手前は見事な完熟豆。**左上**／風の強いアワチャパンでは、成長が早く密生するコパルチという木を網の目状に植えて防風林を作り、その合間にコーヒー樹を植える。**左下**／パカマラの人工交配をする懐かしい写真。袋を被せた枝の花が人工交配種。採取したチェリーを植えて育てて収穫、を繰り返し、目的の形状になるまで地道に作業を続ける。

しての基礎ができたと思っています。ここで身につけた知識と経験が、その後に僕が行った、マダガスカルやレユニオン島での絶滅種の発見・保全へと繋がるのです。

かように栄華を極めたコーヒー産業も、内戦と革命、その後の悪政で衰退し、世界に誇った研究所は残念ながら消滅しました。

内戦のさなかにはゲリラによる工場襲撃やコーヒー関係者の誘拐があり、また無計画であるがゆえに農民への教育もせず、大農園を解体して行った農地改革の失敗で、生産量が激減しました。コーヒー産業を国有化して、輸出を政府主導の集中管理にしたのも大きな要因でしょう。

現在では完全に民間主導に変わりましたが、生産量は最盛期の10％くらいになってしまいました。いいコーヒーへの素質が存分にある国だけに、復興を願ってやみません。

ウェットパーチメント出荷の問題は徐々に改善傾向に

ニカラグア

Republic of Nicaragua

ニカラグア共和国

DATA

首都	マナグア
面積	13万370㎢（北海道と九州を合わせた広さ）
人口	662万人（2020年、世銀）
言語	スペイン語
民族	混血（70%）、ヨーロッパ系（17%）、アフリカ系（9%）、先住民（4%）
宗教	カトリック、プロテスタントなど。憲法上宗教の自由を保障
主要産業	農牧業（コーヒー、牛肉、豆、砂糖、乳製品、ピーナッツ）、金など
通貨	コルドバ

コーヒー関連情報

主な産地	北部中央のマタガルパ、ヒノテガ、北東部のヌエバ・セゴビア
総生産量	288万2000袋（2019～20年）
生産国ランキング	第12位

One Point

アラビカ種の中でも大粒で知られるマラゴジッペはニカラグアも名産地だったが、現在は消滅。昨今はスペシャルティコーヒーブームで丁寧な栽培を目指す農家が増えつつある。

エルサルバドルの研究所の所長に、ニカラグアのコーヒー研究所（INCAFE）への紹介状を書いてもらい、1977年に初めてニカラグアを訪問しました。エルサルバドルの研究所から比較すると、64年に開設されたばかりのニカラグアの研究所は非常に貧弱でしたが、紹介状のお陰でとても親切に案内してもらいました。しかし当時は親子2代で続いたソモサ独裁政権への反政府活動が起きていて、「安全を保証できないから」と地方の産地には案内してもらえませんでした。

72年に起きたマナグア市を震源地とするニカラグア大地震で首都は壊滅し、多くの死傷者を出しました。僕が訪ねた時も爪痕は至るところに残っていて、中心部が廃墟のままドーナツ状に再開発が進んでいました。

世界中からの援助物資や義援金を大統領が一族と関連企業で着服、国民の不満が一層高まって反ソモサ活動が勢いを増している時期でした。研究所が貧弱だったのは、地震と不安定な内政の影響もあるでしょう。

ところで、中米で牛肉が一番美味しいのはニカラグアです。そこで滞在中に有名ステーキハウス「Los Ranchos」のマナグア本店に食べに行きました。ところが店周辺は軍隊がブロックしていてたどり着けませんでした。ソモサ大統領がこの店で食事をしていたからです。大統領の食事程度で厳戒態勢を敷くほど、反政府活動が活発になっていたのです。

2年後の79年7月にサンディニスタ民族解放戦線によって革命は成功し、ソモサ大統領と家族はパラグアイに亡命しましたが、翌年、革命政権の送った刺客によって暗殺されました。INCAFEも革命後に消滅してしまいました。

2000年代以降、ニカラグアには何度か行きました。目的はマラゴジッペを探すことです。

アラビカ種最大の樹高、葉やチェリーの大きさを誇るマラゴジッペは、ブラジルのマラゴジッペ市で確認されたティピカ種からの突然変異種です。以前はコロンビアとニカラグア、メキシコが産地として有名でしたが、樹が高くて収穫しづらいことと病気に弱いことから、いつの間に市場から姿を消していました。

サビ病がセイロン島で発生してから約100年経った1970年、ブラジルでサビ病の症状がある葉が見つかり、初の新大陸への感染で南米の生産国は緊張状態に陥りました。しかも75年にはブラジルから遠いニカラグアで感染を確認。今度は中米諸国がパニックになりました。

僕が暮らしたエルサルバドルでも、国境の通過車両や人々の靴に殺菌剤を噴霧して防御に当たりました。

マラゴジッペが姿を消したのもサビ病の影響でしょう。ニカラグアでも、サビ病耐生のある品種に変わってしまいました。

ニカラグアの北東部の産地は、ウェットパーチメントで生産者が出荷するので品質が安定しません。この習慣をなかなか変えることができずにいますが、昨今、スペシャルティコーヒー市場への進出を目指す農家では、プロセスにも注意を払うようになってきました。

収穫作業を終え、赤く熟したコーヒーチェリーを前にして計量を待つ労働者たち。

エコツーリズム先進国は農園での働き方も素晴らしい

コスタリカ

Republic of Costa Rica

コスタリカ共和国

DATA

首都	サンホセ
面積	5万1100㎢（九州と四国を合わせた面積）
人口	515万人（2021年、世銀）
言語	スペイン語
民族	ヨーロッパ系および先住民との混血が多数、中南米系（ニカラグア系、コロンビア系、ベネズエラ系）、ジャマイカ系、先住民系、ユダヤ系、中国系
宗教	カトリック（国教。ただし信教の自由あり）
主要産業	農業（バナナ、パイナップル、コーヒーなど）、製造業（医療器具）、観光業
通貨	コロン

コーヒー関連情報

主な産地	タラス、セントラルバレー、オクシデンタルバレー、トレスリオス、ブルンカ、トゥリアルバ、グアナカステ
総生産量	147万2000袋（2019～20年）
生産国ランキング	第14位

One Point

エコツーリズム発祥地として知られるコスタリカは、中米の環境先進国。メジャーなコーヒー産出国であり、農園の民主的なコミュニティーや労働環境も注目に値する。

首都サンホセ東部のトゥリアルバにラテンアメリカで最初の農学の専門大学院・熱帯農業研究高等教育センター（CATIE）があり、世界各国から収集した品種の遺伝子を保存する「ジーンバンク」でも知られてます。現在サビ病に耐性のある品種改良の研究が世界各国で行われていますが、ここのコレクションも貢献しています。僕はここで研修を受けるため、1980年代にコスタリカを訪問しましたが、栽培種の知識をより多く学ぶことができました。

トゥリアルバには、忘れがたい農園があります。2005年に訪ねたアキアレス農園です。SDGsという言葉が生まれる11年も前から、それを実行している農園でした。

当時単一の農園としてはコスタリカ最大で、900haの敷地に650haのコーヒー畑がありました。2003年にはいち早くレインフォレス

右／コーヒーチェリーを重さではなく体積で量る、ファネガスと呼ばれるコスタリカ独特の方法。コスタリカの影響を強く受けているパナマも同じシステムだ。**左**／アキアレス農園内の村と立派な教会。

ト・アライアンスのＲＡ認証を取得しました。日本にＲＡが紹介されたのも、ちょうどその頃です。

　まさに自然と共存する農園で環境を守りながらの栽培でしたが、「これほど民主的な農園を見たことがない」という点はそれ以上の驚きでした。

　農園の中心部に働く人々のコミュニティーを作り、そこには学校から教会、サッカー場、スーパーまでありました。農園主は１９９３年から積極的に農園労働者に家を持つことを推奨し、土地を安価で分譲、建設資金も融資していました。

　僕が訪ねた時には３７９世帯約１５００人が住んでいました。

「もしその労働者が『別の農園で働く』と言って辞めてしまったら、その家はどうなるのか」と尋ねたら、農園主は当たり前のように「彼の家だから、そこから通えばいい。何の問題もない」と言いました。

　農園に泊まらせてもらい、夕食の時に農園主から聞かされた話にも驚愕しました。主のアルフォンソ・ロベロ氏はコスタリカ人ではなくニカラグア人で１９７０年に農園を取得したそうです。

　ニカラグアで事業をしていた彼は独裁者ソモサ大統領に反旗を翻して革命に参加した闘士だったのです。革命は79年に成功し、５人で構成された最高評議会メンバーのひとりに就任しましたが、極左派勢力が台頭していく政府に嫌気がさしてコスタリカに移住したそうです。彼が目指した革命は、民主国家を目指したものだったからです。そこで彼は、自分の理想とするコミュニティーを農園の中に作る決心をしたのです。

　目の前で穏やかな顔で淡々と僕に話してくれるアルフォンソ氏に、あのサンディニスタ革命の戦士だった面影はありませんでした。

コーヒー産出国として知られるようになったのは最近

パナマ

Republic of Panama

パナマ共和国

DATA

首都	パナマ市
面積	7万5517㎢（北海道よりやや小さい）
人口	438万人（2021年、世銀）
言語	スペイン語
民族	混血（70％）、先住民（7％）ほか
宗教	カトリック
主要産業	第3次産業（パナマ運河運営、中継貿易、国際金融センター、便宜置籍船制度、観光、商業、不動産業など）、第2次産業（鉱業・採石業・砂利採取業）
通貨	バルボア（硬貨のみ）、アメリカ・ドル

コーヒー関連情報

主な産地	ボケテ、ボルカン
総生産量	11万4000袋（2019〜20年）
生産国ランキング	第33位

One Point

パナマ産ゲイシャ種がオークションで高値になって突然有名に。とはいえ昔からのコーヒー産出国であり、ポテンシャルも高い。ブームに左右されない堅実な生産を期待したい。

パナマは古くて新しい産地です。コーヒー栽培の歴史は19世紀に始まりました。しかしパナマ運河で莫大な収益が上がる政府としてはコーヒー産業には興味がなく、国際市場ではその存在さえ知られていませんでした。僕は以前からパナマコーヒーに関心があったものの、あまりにも情報がなく、「行くしかない」と1988年に初めて訪問しました。

輸出協会や研究所などの情報を求めて首都パナマ市の農業省を訪ねましたが、「そんなものはないし、調べたければ500km離れたコスタリカ国境の産地・チリキ県に行け」と言われました。結局、ツテもなく成果も期待できず、諦めて帰りました。

その後ハワイでコナコーヒーの開発と買い付けをしていた98年、パナマのコーヒー生産者が僕の親友に案内されて訪ねてきました。てっきり観光かと思ったら、「なぜコナコー

右上／パナマ運河は一見の価値がある。1914年に完成したこの大工事には大勢のアフリカ系や中国人の労働者が集められ、多くがそのまま残ったことで、この地域の人種の分布が変わった。**左上**／多くのノベ族の女性がコーヒーのソーティング作業を担っている。**左下**／パナマコーヒーの中心地・ボケテの町を遠望。

ヒーがこんなに高く売れるのかを調べにきた」。それが、後に長い付き合いとなる親友のコトワ農園主、リカルド・コイナーとの出会いでした。「どんなに頑張って高品質なコーヒーを作っても買い叩かれてまったく売れず、廃業する農園もある。だからコナコーヒーの勉強に来た」

　ゲイシャで知名度が上がってスペシャルティコーヒーの地位を築いた今では到底信じられない話です。

　2006年11月、コスタリカで仕事を済ませて、陸路でパナマの産地チリキ県を目指しました。国境が近づいてくると、コーヒーチェリーを積んだトラックとすれ違いました。国境を越えてパナマ領に入っても、何度も同じようなトラックを見掛けました。

　すでにオークションでゲイシャに最高価格がついて世に認められていましたが、ゲイシャ以外は相変わらず売れないので、ブランド名のあるコスタリカに運ばれていたのです。

　チリキ県の産地をくまなく巡り、最後にリカルドの農園を訪ねました。環境的なポテンシャルの高さと政府の援助がない中での生産者の努力を知り、ゲイシャ以外のコーヒーの市場を作る必要性も感じました。それゆえ、僕が独立してミカフェートを作った時には、リカルドの農園のカトゥーラを我が社が定める最高品質の「グランクリュカフェ」としてデビューさせました。

　パナマは、北米・中南米で唯一、東西に長い国です。東のコロンビアとの国境はダリエン地峡のジャングルが立ちはだかり、アラスカからアルゼンチンまで縦断するパンアメリカン・ハイウェイもこの区間だけが未開通。パナマ運河はパナマ市内にあり、西部のコスタリカ国境付近・チリキ県が高地で農業地帯です。

Column

03

歴史と信用を表す農園通貨

**日本ではほとんど紹介されたことはありませんが
かつて中南米のコーヒー産地には、農園が独自に発行する
珍しい「農園通貨」がありました。**

中南米のコーヒーの商業栽培は、19世紀に本格的に始まりました。

コーヒーは、収穫がすべて終わるまで最終の生産量が分かりませんし、乾燥が済んだパーチメントからサンプルを取って脱殻し、等級を分けて歩留まりを確認するまで、その年に輸出できる量は確定しません。

そして、その輸出規格品のサンプルをヨーロッパやアメリカのコーヒー会社に送りますが、当時はすべて船便です。サンプルが届いてやっと数量や値段の交渉が始まりますが、これも今のようにインターネットなどありませんから、手紙でのやり取りが始まります。そしてようやくビジネスが成立し、そこから脱殻・精選して袋に詰めて輸出します。

しかも最終的に農園が支払いを受け取るまでにはさらに数か月掛かるため、開花からカウントすれば、1年以上かかってようやく農園に収入が入ることになります。

その間も、農園は常雇いの労働者や収穫労働者に給料を支払わなくてはなりません。そこで生まれたのが農園周辺だけで通用する「農園通貨(boletos)」です。農園主が給料として支払う農園通貨は、周辺の村や町の商店も通貨として認めていました。今のように交通網が発達していない時代で、小さなコミュニティーだったから実現したのでしょう。

最終的に海外から農園に支払いが

見た目よりも意外に軽い硬貨。使い古されたその表面も、長い歴史を感じさせる。

それぞれの農園が自分たちで絵柄をデザインしているので個性がある。硬貨を眺めていると、これが通用した時代のコーヒー園を想像してしまう。

届くと各商店がいっせいに農園を訪れて正式な通貨に換金する、という経済が確立されていました。

とはいえ信用で成り立っている経済ですから、通貨によっては商店から受け付けてもらえないケースもあるなどして、当然そんな農園は労働者からは敬遠されて、労働力不足で衰退していきました。

中南米の古い農園の中には、今でも農園通貨を大切に保管している場合があります。また世界には、農園通貨のコレクターまでいると聞いています。僕自身はコレクターではありませんが、何度も農園を訪問するうちに、信頼の証として頂戴する恩恵にあずかりました。

その農園の歴史と信用、そしてコーヒービジネスの変遷を感じさせてくれる、貴重な農園通貨です。

かつての名産国では、野生のティピカの復活を楽しみにしたい

キューバ

Republic of Cuba

キューバ共和国

DATA

首都	ハバナ
面積	10万9884㎢（本州の約半分）
人口	1131万人（2021年、世銀）
言語	スペイン語
民族	ヨーロッパ系（25％）、混血（50％）、アフリカ系（25％）。いずれも推定
宗教	原則として自由
主要産業	観光業、農林業水産業（砂糖、タバコ、魚介類）、鉱業、医療・バイオ産業
通貨	キューバ・ペソ

コーヒー関連情報

主な産地	グアンタナモ、サンティアゴ・デ・キューバ、シエンフエゴス
総生産量	13万袋（2019〜20年）
生産国ランキング	第32位

One Point

歴史的にはハイチから逃げたフランス人がコーヒー栽培をして一時は栄えたものの、国際情勢やハリケーンによって衰退。筆者が発見した野生化したティピカを何とか復活させたい。

ずっと気になっていたキューバコーヒーの調査に行けたのは、2017年4月でした。1980年代に150kmしか離れていないジャマイカに住んでいましたが、当時キューバとは国交断絶状態でした。僕は日本人だから行くことはできましたが、ジャマイカで労働・居住許可を取っていたので、キューバ訪問で問題が起きることを避けていました。

ジャマイカにいた頃、日本でブルーマウンテンコーヒーに代わるコーヒーとして、キューバの「クリスタルマウンテンコーヒー」が盛んに宣伝されていて、興味を持ちました。

コロンビアのエメラルドマウンテンも既に販売されていましたが、どちらも実在しない山名です。日本に一時帰国した際に両方の豆を買ってみました。エメラルドマウンテンは豆面《まめづら》から見ても品種が違いましたが、クリスタルマウンテンはブルーマウ

1939年開業のキャバレー・トロピカーナでは、200人のダンサーによる歌と踊りが楽しめる。入場券代わりに葉巻を渡されるのもキューバらしい。

ンテンと同じティピカでした。もちろん味はまったく違いましたが、見た目が同じなので、日本でブルーマウンテンとして売られているという噂も聞いていました。

2003年の帰国以後、いつかキューバに行きたいと思い続け、文献を集めて調査をしていました。そしてある時、コーヒー屋のガラスケースに入ったクリスタルマウンテンが変わっていることに気づきました。

偽物の可能性もあるので他社でも確認してみましたが、やはり矮性品種に変わっていました。この気づきが、キューバのコーヒーを探るヒントに違いないと僕は考えました。

新大陸、つまり南北アメリカ大陸にコーヒー（ティピカ）が初めて紹介されたのが、カリブ海に浮かぶ仏領マルティニーク島です。

そこから同じフランスの植民地だ

上／現在は国営になっている、かつてフランス人が経営していた農園。
下右／山で出会ったコーヒー生産者は移動手段に馬を使っていた。
下左／四輪駆動車で悪路を乗り越えて進む。泥に埋もれる姿を見ると本当にこれで走れるのかと思うかもしれないが、コーヒー産地では決して珍しくない光景だ。

ったハイチにも栽培が広がり、ハイチは18世紀には世界有数のコーヒー生産地となりました。しかし18世紀後半から19世紀前半に黒人奴隷によるフランス植民地政府に対する抵抗運動と独立革命が起こります。記録には「2万人のフランス人が1万人の黒人奴隷を連れて西隣の島キューバに逃げた」とありました。

コーヒー栽培の経験豊富なフランス人たちによってキューバ東部のサンティアゴ・デ・キューバやグアンタナモでコーヒー栽培が急速に広がり、19世紀中頃には2000のプランテーションがあったそうで、キューバ最大の生産地となりました。

その後はフランスとスペインの関係が悪化し、当時スペイン領だったキューバではフランス人排斥運動が起こって多くのフランス人たちはキューバを去りました。が、残ったフランス人とキューバ人の小農家によ

上／首都ハバナは古くて落ち着いた街。いつもどこからかサルサのリズムが聞こえてきて、かすかな葉巻の香りが流れてくる。治安もよく、安心して歩けるのがキューバの魅力のひとつと言える。左／馬や馬車は一般的な交通手段。地方では、スクールバスならぬスクール馬車を見掛けた。

って、コーヒー栽培は続いていました。

キューバコーヒーが衰退した理由は、19世紀にブラジルが独立し大規模なコーヒー栽培が始まって国際価格が下がったことと、度重なるハリケーンの被害もあります。

しかし、最も大きく影響したのは1959年のキューバ革命に違いありません。革命前までアメリカが最大の輸出先で、総生産量の64・1％を輸出していました。しかし翌60年には、1・8％まで落ち込み、売り先を失いました。以後のアメリカによる経済制裁が、未だにこの国の経済全般に悪影響を与えています。

産地として生き残ったのが、東部に比較してハリケーンの被害が少なく首都ハバナに近い中部でした。これが、後にクリスタルマウンテンの産地になったというわけです。

僕は東部のティピカを復活させたくて2017年から毎年キューバに通い、ついにグアンタナモの山中で森に消えたフランス人プランテーションを探し出し、野生化した19世紀のティピカを発見しました（この話は別の機会に本を書こうと思います）。

クリスタルマウンテンの栽培地域シエンフエゴス州にも寄りました。やはり僕の思った通り、栽培種は変わっていました。ティピカはまったく見ることがなく、ほとんどが矮性品種に変わっていました。これは、1980年代にサビ病が島に感染したことが原因でした。

キューバ人は、非常によくコーヒーを飲みます。キューバンコーヒーはとても濃く淹れてたっぷりの砂糖を加え、小さなカップに振り分けて皆で飲みます。初めて飲んだのはアメリカ・マイアミのキューバ人街で、親しくなったキューバ人からコーヒーをご馳走になった時でした。

本物のブルーマウンテンの美味しさは格別

ジャマイカ

Jamaica

ジャマイカ

DATA

首都	キングストン
面積	1万990㎢（秋田県とほぼ同じ大きさ）
人口	296.1万人（2020年、世銀）
言語	英語（公用語）、ジャマイカ・クレオール語（いわゆるパトワ語を含む）
民族	アフリカ系（92.1％）、混血（6.1％）
宗教	キリスト教（プロテスタント、英国国教会など）
主要産業	観光業、鉱業（ボーキサイト、アルミナ）、農業（砂糖、コーヒー、バナナなど）、製造業、建設業、金融・保険業
通貨	ジャマイカ・ドル

コーヒー関連情報

主な産地	セントアンドリュー、セントトーマス、ポートランド、セントエリザベス、クラレンドン、チュローニーなど
総生産量	2万3000袋（2019～20年）
生産国ランキング	第43位

One Point

筆者が現地に住んで3農園を開発した場所で、本物のブルーマウンテンコーヒーは自信を持って勧めたい。過去の一時期の品質低下は流通面での配慮のなさから生まれたもの。

忘れもしない１９８１年11月26日にジャマイカに引っ越しました。日本のコーヒー会社にスカウトされて入社し、駐在員としてブルーマウンテンコーヒー農園の開発事業のために赴任したのです。

前年まで８年間続いた社会主義政権の経済政策の失敗と、特産物ボーキサイトの国際価格低迷により、独立時には米ドルより強かったジャマイカドルが１・７８ドルまで下がっていました。スーパーに行っても棚の８割以上はカラで、防腐剤の匂いがする肉しかなく、週末はわざわざ海まで行って、漁師から直接海産物を買っていました。

また、治安が悪く強盗が多いので、夜間は赤信号でも止まらずに徐行していました。その上、毎日停電と断水の生活でした。

正直に言えば、それまで住んでいたエルサルバドルに帰りたいと思う

ブルーマウンテン山脈の夜明け。鳥のさえずりしか聞こえない、静寂の中の農園で
迎える朝は何ごとにも代え難い。

日々でした。内戦下だったエルサルバドルの方がまだ食べ物は豊富にあったし、身の守り方も分かっていたからです。

とはいえ、ジャマイカへは今でも毎年訪問しています。最近では街も綺麗になってお洒落なレストランもたくさんありますし、スーパーには物が溢れています。治安も以前よりよくなった気がします。ただ、米ドル換算レートだけは悪化し執筆時点で154ドルまで下がっています。

ブルーマウンテンコーヒーは、当時から世界でもっとも高い「グルメコーヒー」という扱いでした。これ以外のアラビカコーヒーはニューヨークの取引所の相場によって値段が左右されましたが、この島のコーヒーだけは、ジャマイカコーヒー産業公社（CIB）が決めた価格で販売されていました。

右上／ジャマイカ人の朝食の定番、アキーの実。**右下**／昼過ぎに発生する霧がブルーマウンテンの品質を作る。**左上**／カリブ海の青い海と白い砂浜が懐かしい。**左下**／最高級のブルーマウンテンを生産するジュニパーピーク農園。

島の東側のブルーマウンテン山脈で採れるコーヒーだけが「ブルーマウンテン」と名乗ることができます。島の中央部の2か所にハイマウンテンコーヒー地区があり、その他の地域で栽培されるコーヒーが「ジャマイカプライムウォッシュ」として売られていました。

　僕の仕事は山脈の南斜面に2か所、北斜面に1か所、総面積1050エーカー（420ha）の農園を開発することでした。それも着任してほぼ同時に始まったので、毎日無線機と拳銃と催涙ガスと弁当と英語の辞書を携えて、山脈を走り回っていました。週末は他の農園も見て回ったので、山脈内のすべての山道を制覇したと思います。

　その結果分かったのは、「ブルーマウンテンの北側斜面は石灰岩が多く品質的に劣り、南斜面の方が土壌的にも気候的にも美味しいコーヒー

右／コーヒーチェリーの計量は体積。ひと箱で約60ポンドのチェリーが入る。**左**／テーブル式の生豆ソーティング。熟練度で扱えるグレードが違う。

が期待できる」ことです。

街と違って山は平和でした。山の人々や農園の労働者たちとも仲良くなり、その後街でも多くの友人に恵まれました。その結果、僕は「ジャマイカクラブ」の正会員に推挙されることになりました。

イギリスは植民地に必ずその国名を付けた社交場を作りました。ジャマイカにも「ジャマイカクラブ」がありました。植民地時代は白人のみでその上女人禁制だったそうです。独立後はアフリカ系ジャマイカ人も入れるようになり、赤い絨毯が敷いてあるところは女性も入れましたが、それは限定的でした。

入会の規則は非常に厳しく、2人以上の理事の推薦を受け、理事会で決議されました。幸いなことに僕を推薦してくれる人が多く、日本人で最初の会員になりました。

仕事でキングストンを離れる日以外は、毎日ジャマイカクラブで昼食を食べました。ここで多くの人と知り合い、僕のジャマイカライフは公私にわたって充実し、楽しいものになりました。

この島には7年半暮らし、途中からは現地法人の責任者に就任、買い付けも担当することになりました。

当時ブルーマウンテンコーヒーのおよそ95%が日本向けに輸出されていて、CIBから輸入ライセンスを得た日本の7社が数量確保にしのぎを削っていました。

1980年代にコーヒービジネスが自由化される前は、ジャマイカコーヒー産業法の発令前から存在したPCSH（農協）、モイホール（農協）、メービスバンク（精選所）が既得権としてコーヒーチェリーの買い付けと海外への販売をする権利を持っていましたが、それ以外はCIBの独

右2点／一番好きなジャマイカ料理は何と言ってもジャークチキン&ポーク。よく仕事帰りにジャマイカ人の友人たちとジャーク屋に集まって、辛いジャークをつまみにジャマイカのビール「Red Stripe」を飲んだ。**左上／**僕のコーヒーを作ってくれるシャープ兄弟とともに。30年近い付き合いになる親友だ。

占でした。

ＣＩＢ所有のウォーレンフォード精選所のコーヒーが特に有名で、どれだけそのコーヒーを買い付けられるかが、僕の重要任務でした。

毎年収穫期になると畑を回り、ＣＩＢの事務所と精選工場には2日に1度は顔を出し、スタッフと親しくて情報を集めたものです。

日本市場で売れるのは何と言ってもブルーマウンテンで、ハイマウンテンやプライムウォッシュは不人気でした。それゆえＣＩＢはブルーマウンテンにハイマウンテンかプライムウォッシュを抱き合わせで買わせようとします。それを交渉してブルーマウンテンの割合をいかに増やすかが腕の見せどころでした。

ジャマイカのコーヒーはコンテナに積み込まれ、キングストン港から出荷されてアメリカのニューオーリンズに陸揚げされ、カリフォルニアのオークランドまで列車で運ばれ、そこから再びコンテナ船に乗って太平洋を渡って行きました。

ある時、横浜港に着いたジャマイカコーヒーのコンテナの奥から、大量のマリファナが発見されたことがありました。幸いなことに他社のコンテナだったので、僕は胸を撫で下ろしました。

「ジャマイカのマリファナ密売組織は痕跡を残さずコンテナを開けて元に戻すことができる」と、アメリカ向け農産物の検疫でジャマイカに駐在していたアメリカ農務省の友達に聞いたことがありました。

おそらく、アメリカ国内の移動中にコンテナから取り出す予定だったマリファナが、そのチャンスを逸してしまい、横浜まで着いてしまったのでしょう。

現在ではハイマウンテン地区はな

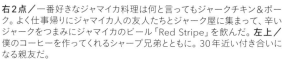

知り尽くしたブルーマウンテン山脈。最高峰のブルーマウンテンピークは画面中央奥、稜線に見える小さなふたつの突起のうちの左側。

くなってしまい、ブルーマウンテン地区以外で収穫されたコーヒーの中から、品質のいいものを選んで「ハイマウンテン」としています。また、CIB自体もなくなり、それに代わってジャマイカ農産物規制局（JACRA）がコーヒーのレギュレーションや品質管理、検査などを行っています。

日本では、リーマンショックの後に高いコーヒーが売れなくなり、倉庫で何年も置かれて劣化したブルーマウンテンコーヒーが市場に出回りました。そのせいでブランド力を落とし、「ブルーマウンテンが美味しいというのは神話で、たいしたコーヒーではない」と言われてしまっているのは大変残念です。

本物のブルーマウンテンは、やはり美味しいのです。農園を自ら開発してきた僕は、声を大にしてそれを言いたいと思います。

かつてハイチ国境で日本人がコーヒー栽培をしていた

ドミニカ共和国

Dominican Republic

ドミニカ共和国

DATA

首都	サントドミンゴ
面積	4万8442㎢（九州に高知県を合わせた広さ）
人口	1095万人（2021年、世銀）
言語	スペイン語
民族	混血（73％）、ヨーロッパ系（16％）、アフリカ系（11％）
宗教	カトリック
主要産業	観光業、農業、鉱業、繊維加工、医療用品製造、サービス業（コールセンターなど）
通貨	ドミニカ・ペソ

コーヒー関連情報

主な産地	セプテントゥリオナル山脈、セントラル山脈、ネイバ山脈、バウルコ山脈
総生産量	40万2000袋（2019～20年）
生産国ランキング	第23位

One Point

カリブ海で唯一化学肥料工場があった国。戦後日本人が入植したがコーヒー栽培はわずかで、多くは野菜栽培に従事した。サント・ドミンゴは歴史的建造物の宝庫。

１９８３年、ジャマイカの現地法人の上司の鞄持ちとして、初めてドミニカ共和国に行きました。首都のサントドミンゴの日本大使館に行くのが目的で、コーヒー畑に行く機会はありませんでした。

しかし、サントドミンゴは魅力的な街でした。コロンブスが１４９２年に上陸し、米州で最初の植民都市建設に取り掛かったところです。ですからこの島には「新大陸で初めて」のものがたくさんあります。例えば要塞、大聖堂、大学などが残っていて、古い街並みを散策するだけでもとても楽しかったです。

その後ドミニカ共和国は、何度も訪問しました。コーヒーの調査もしましたが、もうひとつの目的は肥料の調査と買い付けでした。化学肥料を輸入に頼るジャマイカでは、外貨が不足すると輸入が滞る可能性がありました。実際、バターが４か月間

サントドミンゴ旧市街の老舗、ラ・カフェテラにて。古風なレバー式マシンでエスプレッソを淹れていた。写真／高橋敦史（131〜133ページ）

もスーパーから消えたり、ガソリンがなくなるという噂でスタンドに長蛇の列が出来たりしました。

カリブ海で唯一化学肥料工場がある国がここ。それも2社あり、ジャマイカの農園に安定的に肥料が調達できるよう、調査に行ったのです。

ドミニカ共和国には1956年から59年にかけて1300人以上の日本人が移住しましたが、あてがわれた土地は塩田の不毛の地で大変な苦労をしたそうです。50％が帰国し30％が南米に再移住、残った20％の人々だけが農業を続けたそうです。

サントドミンゴのレストランで、8人ほどの日本人移住者1世の方々と出会いました。皆さん、冬野菜を作って毎週貨物機で輸出し、ニューヨークの市場に卸していると話していました。残った日本人移民の人々が安定した生活をされているようで安心しました。

右上／サントドミンゴ旧市街、王宮博物館前にいたダンサー。**左上**／旧市街のメインストリート・コンデ通りの入口で。観光客相手の土産の屋台。**下２点**／ラ・カフェテラの店内。薄暗い店だが席に着くと不思議と落ち着く。

コーヒーに携わる人はいないか尋ねたら、ハイチ国境のバラオナ地区に入植した日本人はコーヒー栽培に携わったものの、他地域の移住者は稲作と野菜作りをしていたそうです。いつかその地を訪ねたいと思っていますが、未だに果たせていません。

ドミニカ共和国はジャマイカとはさほど離れていませんが、カリブ海の島間の交通は非常に不便です。空路でいったんアメリカのマイアミに出るほうが便利なほど。これはアフリカも同様で、英領だった国はロン

手頃な価格で愛されるラ・カフェテラのエスプレッソ。かつては知識人や芸術家、出版人などが店に集った。

オストス通りの坂は、映画『ゴッドファーザー』のロケ場所として知られるところ。カラフルながらも少しくすんだ色合いが、街の歴史を想わせる。

ドン、仏領だった国はパリに出てアフリカに戻るほうが確実でした。

日本ではあまり知られていませんが、カリブ海には、スペインの植民地だったドミニカ共和国と、イギリスの旧植民地で現在イギリス連邦に属するドミニカ国があります。

ドミニカ国は奄美大島と同じ大きさの、人口7万人の小さな島国です。ドミニカ国で車の販売会社を経営するイギリス系ドミニカ人が、ジャマイカにいる僕を訪ねて来たことがありました。曰く、「ドミニカ国でブルーマウンテンのような付加価値のついたコーヒー産業を興したいので、相談にのってくれ」。

島の自然環境や労働環境、島内の物流と国際物流を詳しく説明してもらいましたが、結論から言えば、無駄な投資に終わるからやめるようにアドバイスしたのを覚えています。

素朴な方法で細々と栽培。標高の低さなど環境面に限界も

プエルトリコ

Commonwealth of Puerto Rico

プエルトリコ自治連邦区（アメリカ自治領）

DATA

首都	サンファン
面積	8959㎢（2023年、CIA）
人口	約300万人（2023年、CIA、推定）
言語	スペイン語、英語
民族	白人、黒人、混血ほか
宗教	カトリックほか
主要産業	観光業、製薬など
通貨	アメリカ・ドル

コーヒー関連情報

主な産地	ラレス、サンセバスチャン、ラス・マリアス
総生産量	N/A
生産国ランキング	ランク外

One Point

首都の旧市街オールドサンファンはスペイン時代の建物が残る美しい街。コーヒー栽培に関しては、標高の低さとアメリカ自治領ゆえの人件費の高さなどの事情で限界がある。

ジャマイカからハワイ島に転勤した4か月後の1989年7月に、突然プエルトリココーヒーの現地調査をするよう、命令を受けました。日本の本社に業者から提案があり、「興味がないなら他社に持っていく」と急かされてのことだったようです。ジャマイカに7年半住みましたが近隣のプエルトリコに行くチャンスはなく、そもそもコーヒーを栽培していることも知りませんでした。

ハワイ島コナから飛行機を4回乗って着いた首都サンファンは、マイアミとドミニカ共和国の首都サントドミンゴの両方のエッセンスを備えた街でした。マイアミのような近代的エリアと、16世紀以降にスペイン人が建てた歴史的建造物が残る旧市街が隣接していました。

まずは市内でコーヒーの情報を集めました。農務省の下部組織・農業管理事務所（ASA）でこの国のコ

ーヒーの生き字引のような担当官ホアン・A・ギリアニ氏に会えたのは幸運でした。ASAは生産地全域に15か所の取引所を置き、全生産量の70～75%を買い上げていました。

生産量の40%が低級品であり、グレードはスクリーンサイズ13以上のタイプAと、それ以下のタイプBに分かれていましたが、このサイズはコーヒーの国際規格ではなく、国内の穀物用でした。ギリアニ氏は、品質などの諸問題の根本的原因は労働者不足だと説明してくれました。

輸出より国内消費が主で、生産者を守るために輸入コーヒーには１ポンド（４５３ｇ）あたり一律１・４７アメリカドルの課税がなされていました。それでも１３０kmほどしか離れていないドミニカ共和国から密輸され、不法労働者も海を渡って来るとのこと。サントドミンゴには彼らのためにプエルトリコ弁のスペイン語や習慣・歴史を教える教室まである、と嘆いていました。

アラビカ種（ティピカ、ブルボン）、カネフォラ種（ロブスタ）、デウェヴレイ種（エクセルサ）と3品種が栽培されていて、取引価格もこの順に安くなります。エクセルサはコーヒー研究所にはよくありますが、商業栽培されているのは初めて見ました。

さて、目的の農園はサンファンから西に１００kmほど行ったラレス市郊外にありました。プエルトリコには１０００ｍを越す高い山はそれほどありません。最高峰のエル・ユンケ山でも１０８０ｍ、ラレス市も９００ｍほどの高原の町でした。

生産者はみな素朴でいい人たちでしたが、品質への関心や知識は低く、現状で満足のようでした。栽培環境も精選技術も業者から受けた説明とは違い、かつて中米で使われた巨大な天津甘栗の機械のような乾燥機「batea」が現役で驚きました。

技術指導で品質を向上させても環境的に限界があるし、アメリカ自治領で物価も人件費も高く、生産コストをカバーできません。国内市場があって生産者も保護されており、僕は「無理に日本に輸出することはない」と結論づけました。

またあの美しいオールドサンファンを訪ね、ヘミングウェイに愛されたという古い修道院を改造したホテル「エル・コンヴェント」に泊まりたい！　僕にとって、忘れがたいホテルのひとつです。

サンファン港を守るサン・クリストバル要塞は市民の憩いの場。岬の先端にあるもうひとつの要塞を望む。写真／高橋敦史

Column

04

世界のコーヒー製品

美味しいコーヒーを求めて世界を旅していると、各国各地で「意外なコーヒーの使い道」にも出合います。これも旅の楽しみのひとつです。

本文で紹介した商品。ちなみに1970年代のエルサルバドルの研究所には、コーヒーから出る廃棄物の利用法を研究するセクションがあった。今のように廃棄物が問題になる前の時代で、「変な研究をするのだな」と思っていたが、時々呼び出されては試食をさせられた。あの研究所が残っていたら、時代の最先端を行くコーヒー廃棄物製品を生み出していたと思うと残念だ。

世界を旅する中でコーヒーを使った個性的な製品とも出合いました。

例えばグアテマラのコーヒージャム。ミューシレージはもともとペクチンを多く含んでいますし、考えてみればジャムはアリですね。

デザートでは、コロンビアで知り合った女性生産者グループが、廃棄されるコーヒーチェリーの果皮を甘く煮て、チーズとコンポートしたフルーツを添えたり、果皮を使ったクッキーにして売っていました。

アルコールならブラジル製のコーヒービール。コーヒービールは最近は日本でも見掛けます。

さらに飲食以外の製品では、コーヒーシャンプーがタイにありましたし、ブラジルにはコーヒーを原料とした化粧品の専門店まであって驚きました。

世界を旅するコーヒー事典

Coffee encyclopedia for traveling the world

南米編

ベネズエラ／コロンビア／ブラジル／ペルー

日本とは地球の反対側になる南米は
言わずと知れたコーヒーの一大産地です。
世界一の産出量を誇るブラジルや
コロンビアは有名ですが、
その他の国にもポテンシャルがあり
大いに期待したいところです。

アンデス東山脈は栽培適地。平和が戻る日を待ち望む

ベネズエラ

Bolivarian Republic of Venezuela

ベネズエラ・ボリバル共和国

DATA

首都	カラカス
面積	91.2万㎢（日本の約2.4倍）
人口	2795万人（2021年、IMF）
言語	スペイン語（公用語）、先住民族の諸言語
民族	先住民と白人の混血メスティーソと黒人と先住民の混血ムラート（51.6%）、白人（45%）、黒人（2%）、先住民（52族。1%）
宗教	カトリックほか
主要産業	石油事業、通信業、不動産業、製造業（食料、プラスチックなど）
通貨	ボリバル

コーヒー関連情報

主な産地	タチラ、メリダ、トゥルヒージョ
総生産量	65万袋（2019〜20年）
生産国ランキング	第19位

One Point

ポテンシャルはあるが、石油産業に依存する政府は農業への支援をせず、生産者も品質への意識が低かった。現在は左派政権の独裁と経済破綻でコーヒー栽培どころではないのが残念。

　ベネズエラは、一般には石油のイメージが強くてコーヒー産地とは思われていません。しかし、コロンビア国境のアンデスの東山脈はコーヒー栽培に適した環境です。誰から貰ったのかは忘れてしまいましたが、そのコーヒーが密度の高い粒揃いで興味が湧きました。どうしてこんなにいいコーヒーが世に出ないのか。どんな人たちが作っているのか。

　このコーヒーを日本の市場に紹介したいと、ベネズエラ訪問のチャンスを狙っていました。

　それは、1990年5月に叶いました。首都カラカスは大都会でした。中南米で初めて高速道路ができた国で、水よりもガソリンの方が安いという完全な車社会。とはいえ公園が街の随所にあり、緑も多かった記憶があります。公園の木陰のベンチに座ってのんびりしていたら、人の気配を感じ、誰かに見られているよう

な気がしましたが、あたりを見回しても誰もいません。おかしいと思って上を向くと、目の前に木にぶら下がったオランウータンの顔があり、目が合って本当に驚きました。

カラカスから国内線に乗り、タチラ州の州都サンクリストバルに行きました。そこから山岳地帯の産地を訪ねましたが、予想した通り、目の前がコロンビアの有名なコーヒー産地・北サンタンデール県でした。

いくつかの農協を訪ねて生産者を紹介してもらい、農園を回りました。

この国もパナマと同じで莫大な外貨を稼ぐ産業（石油）があるので、政府はコーヒーにまったく興味がなく、研究所も組織だった輸出協会もありませんでした。外からの情報がないので、生産者も見よう見まねでやっている印象でした。

「僕が指導するから、もっと品質を上げて日本市場に輸出しよう」と各農協の組合長に提案しましたが、誰も興味を持ちません。

当時は日本のコーヒー消費量が増え始めた頃で、世界的にはまだ無名の消費国。産地に行くと「日本人がコーヒーを飲むの？お茶しか飲まないのだろう？」と真顔で言われた時代です。日本市場に期待していないのかと思ったら、違う理由がありました。５００kmも離れた大西洋の港に運んで海外のバイヤーに売るよりも、陸路で国境を越えれば世界的に有名なコーヒー産地コロンビアの仲買人が買ってくれます。価格を叩かれても全量買ってくれれば助かります。これもパナマに似た状況でした。

それでも諦めず、僕の希望するスペックを伝えてサンプルをお願いしましたが、結局届きませんでした。

以来ずっと気になっていましたが、今ではコーヒーどころではない状況です。政治的混乱と、国際的な原油価格の低迷・価格統制の失敗により経済は混迷し、２０１８年８月にはインフレ率が１３０万％にもなり、７００万人以上のベネズエラ人が国を捨てて海外に流出しました。

近隣のスペイン語圏のコーヒー産地では、収穫作業にベネズエラ人労働者があたっています。ベネズエラ人難民が、祖国に帰れる日が早く来ることを願うばかりです。

周囲を山並みに囲まれた州都サンクリストバルは、コーヒー畑のある山岳地域への拠点。右手前にそびえ立つのは街のシンボルとも言えるサンホセ教会。

3つのアンデス山脈それぞれの微気候が、多様なコーヒーを生む

コロンビア

Republic of Colombia

コロンビア共和国

DATA

首都	ボゴタ
面積	113.9万km²（日本の約3倍）
人口	5127万人（2021年、世銀）
言語	スペイン語
民族	混血（75％）、ヨーロッパ系（20％）、アフリカ系（4％）、先住民（1％）
宗教	カトリック
主要産業	農業（コーヒー、バナナ、サトウキビ、ジャガイモ、米、熱帯果実など）、鉱業（石油、石炭、金、エメラルドなど）
通貨	コロンビア・ペソ

コーヒー関連情報

主な産地	ウイラ、カウカ、ナリーニョ、アンティオキア、サンタンデール、北サンタンデール、クンディナマルカなど
総生産量	1410万袋（2019〜20年）
生産国ランキング	第3位

One Point

コロンビアコーヒー生産者連合会（FNC）は世界有数の規模。農地はアンデスの各山脈に広がり、多様なコーヒーを生む一大生産国になっている。

スペイン語でコーヒーはcafé（カフェ）ですが、コロンビアではブラックコーヒーは「赤」を意味する形容詞でtinto（ティント）と呼びます。

おそらくアメリカから伝わったのか、日本ではストレートコーヒーをブラックといいますが、本当に美味しいコーヒーは褐色です。スペイン語では一般的に赤ワインもティントと呼ぶので注意してください。コロンビアでは、コーヒーを頼んだつもりでも、赤ワインが出てくるかもしれません。

さて、コロンビアには、世界有数の規模を誇る農業関連NGO・コロンビアコーヒー生産者連合会（FNC）があります。

FNCは、コーヒー生産者の権益を代表し、産地の生活改善や生産技術向上を促進するために、1927年にメデジンで設立されました。

現在56万世帯の生産者が加盟、国

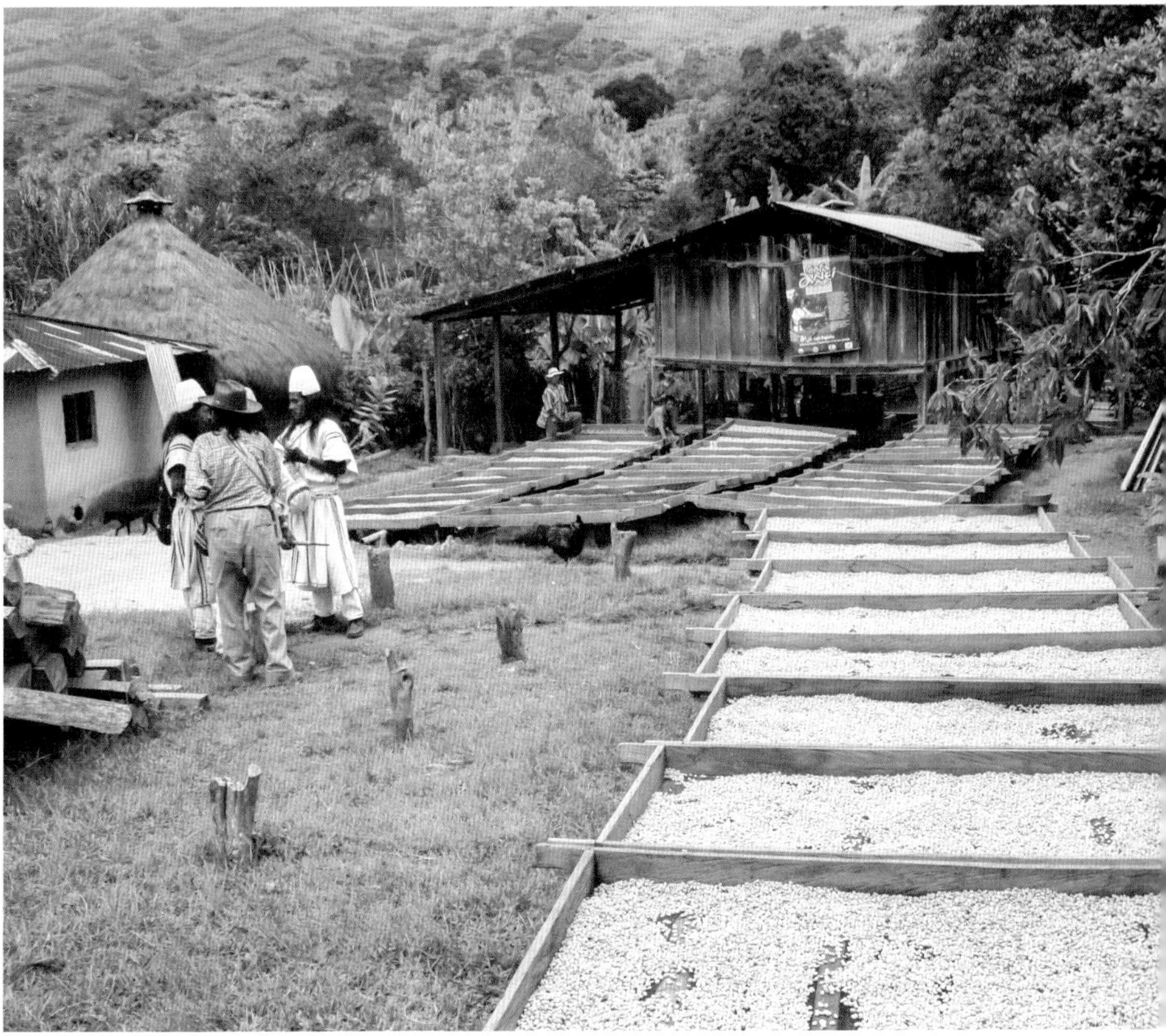

大西洋に面したネバダ山脈（シェラ ネバダ）には多くの先住民が住み、コーヒー栽培をしている。写真はアルワコ族の村を訪ねた時のもの。

内では技術普及や生産者へのサービスを行い、またコーヒー生産者への育成プログラムや女性生産者支援を行っています。また海外では、コロンビアコーヒーのマーケティングやPRを積極的に行っており、東京の目黒駅近くにFNC東京オフィスがあり、駐在員が常駐しています。このオフィスは、アジア、オセアニア市場向けの仕事をしています。

このオフィスが設立されたのが日本のコーヒー輸入が自由化された1年後の1961年ですから、随分早くから日本のコーヒー市場のポテンシャルに目をつけていたと思います。

傘下には国立コーヒー研究センター（CENICAFÉ）や、コーヒーの最終精選工場を全国に所有しコロンビアコーヒーの品質管理をするALMACAFE、インスタントコーヒー会社Café Buendiaなどがあり、コロンビアコーヒー専門店Juan

右上／料理用バナナをスマッシュして揚げたパタコンとコーヒー。**右下**／カウカ県の先住民が乗合バスでコーヒーを売りに来た。**左上**／コーヒーの運搬は馬かラバ。**左下**／アンティオキア発祥の名物料理、バンデハ・パイサ。

Valdezを世界10か国で500店舗以上展開しています。

余談ですが2007年、FNC創立80周年記念で全日本コーヒー協会が桜の苗木を80本コロンビアに贈ることになりました。

どういうわけか、FNC東京から「どの桜がコロンビアの気候に合うか相談に乗って欲しい」と個人的に依頼され、前職の同僚で現在コーヒーのアドバイザーをしている三本木一夫さんにも手伝ってもらい、河津桜を選んで手配しました。

その桜が、ボゴタのFNC本部とキンディオ県のFNC関連施設で元気に育っているのを見た時は、たいへん嬉しかったです。

さて、南米の地図を見てみると、太平洋側を南から北に走るアンデス山脈は、エクアドルからコロンビアに入ると西山脈、中央山脈、東山脈

右／コロンビア独特のコーヒー乾燥。**中**／高品質のコーヒーを産出するインサの風景。**左**／かつて修道院だったポパヤンのダン・モナステリオホテル。

の3本に分かれます。５０００ｍ級の山が連なる山脈の２３００ｍ以下のところでコーヒーが栽培されています。当然、各山脈の各地で特有の微気候が生まれます。

それゆえコロンビアでは一年中どこかでコーヒーが収穫されていて、地域によっては年に2回収穫期があるほどです。かように、変化に富んだ地形がコロンビアコーヒーの多様性を引き出しているのです。

僕がコロンビアを初めて訪れたのは１９８３年頃でした。出張先のエルサルバドルからカリブ海のコロンビアの飛び地・サンアンドレス島に行き、そこからさらにカルタヘナ経由でボゴタへ行くという、とんでもない経路でした。

おまけに貨客機で機内の前半分は貨物が満載で、仕切りは太めのロープを編んだもの。固定されていない山積みの荷物が見えました。乱気流に巻き込まれたらあの荷物が客室に飛び込んでくるだろうな、などと思いながら乗っていました。

当時のコロンビアは、ゲリラ組織と麻薬組織が連携し、政治家や法執行機関を標的にして脅迫・殺人を繰り返し、市内でも爆弾テロが頻発していました。長年にわたって深刻な社会的・経済的・政治的な問題に直面し続けていたのです。

事件に巻き込まれないように、首都ボゴタの街は、日が暮れると人通りもわずかでうら寂れていました。訪問できる産地も限られており、そんなわけで、僕の最初のコロンビアの印象は最低でした。

その後、麻薬組織のメデジン・カルテルが殲滅《せんめつ》され、ゲリラとの和平も進み、訪問する度に行ける産地が広がっています。そしてこの国のコーヒーのポテンシャルの高さをますます感じているところです。

大規模プランテーションによる世界一の産出国

ブラジル

Federative Republic of Brazil

ブラジル連邦共和国

DATA

首都	ブラジリア
面積	851.2万㎢（日本の22.5倍）
人口	2億1531万人（2022年、世銀）
言語	ポルトガル語ほか
民族	欧州系（48％）、アフリカ系（8％）、東洋系、混血（43％）、先住民
宗教	カトリック約（65％）、プロテスタント（22％）、無宗教（8％）
主要産業	製造業、鉱業（鉄鉱石ほか）、農牧業（砂糖、オレンジ、コーヒー、大豆ほか）
通貨	レアル

コーヒー関連情報

主な産地	ミナスジェライス、サンパウロ、エスピリトサント、ゴイアス、バイア、ロンドニア
総生産量	5821万1000袋（2019～20年）
生産国ランキング	第1位

One Point

港町サントスが歴史的にも世界のコーヒー取引の中心地。ブラジルは世界一のコーヒー産地であり、広大なプランテーションの農園は、険しい山岳地帯が中心の他国とは異なる風景だ。

子どもの頃から夢見たブラジルに初めて行けたのは１９８３年、27歳の時で、当時いた会社の専務の鞄持ちで連れて行ってもらいました。

コーヒービジネスの中心は商都サンパウロではなく、取引所がある港町サントス。輸出会社が軒を並べて活気があり、これぞコーヒーの街でした。市内各所にバールと呼ばれるコーヒースタンドがあり、砂糖がいっぱい入った深煎りをデミタスカップで味わう「カフェジーニョ」を、地元の人が立ち飲みしています。商談先でこの強烈に甘いカフェジーニョが出てきて、数社も回ると胸焼けがしてきたことを覚えています。

そんな中、突然専務が予定になかった首都ブラジリアに行くと言い出しました。当時世界のコーヒー業界に多大な影響力を持つブラジルコーヒー院（ＩＢＣ）の総裁とランチミーティングのアポが取れたのです。

上・右下2点／1922年に建てられたサントスの旧コーヒー取引所。現在は博物館になっていて、カフェは観光客でいつも賑わっている。オークションホールは二層になっていて、天井のステンドグラスも美しい。**左下**／ケーブルカーで上れるモンテ・セハーの丘からは港町サントスが一望のもと。写真奥の河口付近が積み出し港になっている。

翌日、早朝のフライトでブラジリアを目指しましたが、全席エコノミーゆえ専務の隣に座りました。気難しく厳しい上司の鞄持ちで疲れ果てた僕はいつの間にか寝てしまい、専務につつかれて起きました。

初訪問の産地で寝るとは何事だと怒られ、21世紀の計画都市ブラジリアを上空からしっかり見ろと言われました。窓外を見ると機体はかなり高度を落としていて、旋回を続けていました。内陸部を活性化することと、リオデジャネイロの人口が急速に増えたために、１９６０年に首都がブラジリアに遷都されました。何もない土地に、上から見ると翼を広げた飛行機のように計画的に都市が作られました。

ブラジル通の専務は、機上から指を差していろいろ説明してくれましたが、初めて見るブラジリアは、僕にはゴチャゴチャした普通の都市に

上・左上／センターピボット式の畑。全長400mもあるこのアームからコーヒー樹に灌漑される。ひとつの畑が約50haもあり、アームが一周するのに約1日掛かる。これで液肥も撒くことができる。ブラジルの大農園を空から見ると大きな円が続いているのは、この機械があるためだ。**左中・左下／**ブラジルのランチはキロ当たりを意味する「ポル キロ」が一般的。ビュッフェ形式で好きなものを皿に取り、レジで量って会計をする。どれも美味しくて、毎回食べ過ぎてしまう。

しか見えませんでした。かなり旋回した後にようやく着陸し、機体が停まるとアナウンスがありました。

「ブラジリアが豪雨で着陸できなかったので、ゴイアニアに着きました。ターミナルで待機してください」

ターミナルに移動しても専務の顔を見ることができず、僕は黙って下を向いていましたが、会食に間に合うように何とかしろと怒鳴られて、ターミナル内を走り回って情報を集めました。ブラジリアまで250kmも離れていると分かり愕然としましたが、そんなことも言っていられず、タクシーと交渉してブラジリアを目指しました。運転手も頑張って猛スピードで走ってくれました。恐ろしいドライブでしたが、無事に会食には間に合いました。

当時のブラジルでは、日系移民1世の西村俊治氏が世界で初めての自

右／1日に数百杯の官能試験を行う輸出会社では、床から伸びたガソリンスタンドのノズルのようなホースでカップにお湯を注いでいく。初めて見た時は、これでブラジルのスケールの大きさを実感した。**中**／官能試験用のコーヒーを焙煎するサンプルロースター。**左**／小農家用の機械収穫機・パパガジョ。熊手の先が左右に動いてチェリーを落とす。

走式コーヒー収穫機を発明してから数年しか経っていなかったので、農園にはまだ、たくさんの労働者が働いていました。その後急速にこの機械が普及して、ブラジルのコーヒー生産量は飛躍的に伸びました。機械を使うために畑のレイアウトも変わり、栽植密度も増え、効率的な農業ができるようになったのです。

　コーヒーの輸出方法も以前とは変わりました。ブラジルでは60年代後半にコンテナ輸送が普及する前は、船底に麻袋を詰め込む「バルク積み」が主流でした。積み下ろしに時間と手間が掛かる上、湿気や海水で損傷することが多い欠点があります。コンテナ船の登場によってそれも変わりましたが、僕がブラジルを訪問したのは、まだバルク積みが少しだけ残っていた時代です。

　当時は日系の生産者も多くいましたが、最近は滅多に出会いません。価格変動が激しいコーヒーに見切りをつけたのも、ひとつの原因です。

　ブラジルでは大農園をファゼンダ、小農園をシティオと呼びます。明確な基準はないものの、ファゼンダは広大な土地に複数の作物を栽培、機械化され管理体制ができているのに対し、シティオは小さな家族経営です。しかし小規模といっても、多くが10haくらいの畑です。

　小規模生産者は自走式収穫機は高くて使えません。そこで熊手の先が振動する「パパガジョ」と呼ばれる器具で、地面に敷き詰めた布の上にチェリーを落として集めます。

　ブラジルは、他の国に比べて機械化が進んでいます。土地の起伏が少ないことも機械化に向いています。またサビ病耐性の品種改良も盛んです。ブラジルの研究者に、10年後にはメインの栽培種はすべて変わっているかもしれないと言われました。

かつて銘品チャンチャマヨで知られた、ポテンシャルの高い国

ペルー

Republic of Peru

ペルー共和国

DATA

首都	リマ
面積	129万km²（日本の約3.4倍）
人口	3297万人（2020年、世銀）
言語	スペイン語。ほかに先住民の言語多数（ケチュア語、アイマラ語など）
民族	メスティーソ（60.2％）、先住民（25.8％）、白人系（5.9％）、アフリカ系（3.6％）、その他（中国系、日系など。4.5％）
宗教	カトリック（81％）、プロテスタント（13％）、その他（6％）
主要産業	製造業、石油・鉱業、商業、建設業、農業
通貨	ソル

コーヒー関連情報

主な産地	カハマルカ、アマゾナス、フニン、クスコ、プノ
総生産量	383万6000袋（2019～20年）
生産国ランキング	第10位

One Point

北部・中部・南部ともに期待できる産地。スペシャルティコーヒーの波には乗り遅れた感があるものの、高いポテンシャルを生かして巻き返して欲しい。

ペルーのチャンチャマヨといえば、以前は日本ではよく知られたコーヒーでした。しかし、1970年代後半に極左武装組織センデロ・ルミノソがアンデス山脈を制圧し、コーヒー農園主への脅迫・誘拐などが相次ぎました。そして小農家のコーヒーも出荷できなくなり、結局ペルーのチャンチャマヨは市場を失ってしまいました。

90年代にフジモリ大統領のテロに屈しない政策でアンデス山脈に平和が訪れてコーヒー産業も復活しましたが、昨今のスペシャルティコーヒーブームには、いささか乗り遅れてしまった感があります。

ペルーは、コロンビアよりも大きな国です。もともとポテンシャルの高い生産国で、2019／20年の世界の生産ランキングでも10位に入っています。産地は大きく分けて、新興の北部、古い産地の中部、小農

2012年から僕のコーヒーを作ってくれている、北部チョンタリ村のアラディーノは素晴らしい作り手だ。左下の写真が2019年7月の訪問時で、新しく植え付ける予定の標高2000mの畑にアラディーノと一緒に登った。新型コロナが終息し、4年目の2023年6月に再訪した時には、畑は写真右上のように大きく変わっていた。

家が多い南部があります。これから期待したい産地です。

僕は２０１１年11月に初めてペルーを訪問しました。エルサルバドルから直行便でリマに飛び、そこから北上してチクラヨの空港から陸路でアンデス山脈を越えて北部のコーヒー集積地ハエンを目指しました。今ではリマからハエンに直行便が飛んでいるので楽になりましたが、当時は３０００ｍ級の山越えで、チクラヨから７時間の道のりでした。

道中、案内してくれた輸出業者から治安の悪さを聞きました。

「コーヒーの国際価格が高騰すると産地からリマや港に向かうトラックがコンテナごと強奪されるので、ＧＰＳをつけている」

整備不良のトラックが急勾配の道路でよく事故を起こすと聞かされた直後、トラックが横転してパーチメ

右上／アンデスを越えたら、青空と雪山と野生のアルパカが出迎えてくれた。**右下**／道路脇に干してあるコーヒー。**左上**／山道で横転したトラック。**左下**／ドイツ人が発明した乾燥機。

ントコーヒーが散乱している場面に遭遇しました。

ハエンからさらにエクアドル国境に近い村まで行って農家を訪ねると、大歓迎されました。そしてアンデスのタンパク質と言われるクイ（モルモット）をご馳走になりました。

農家はそれぞれクイを飼っていて、僕のためにクイを選んで料理してくれました。初めて食べるクイは、油の強いササミという感じで美味しかったです。

静岡で焙煎卸業を営んでいた父が「昔のチャンチャマヨのコーヒーをまた飲みたい」と言っていたのが、ずっと頭に残っていました。

僕が中部の産地チャンチャマヨ県に行けたのは、3回目のペルー訪問の2014年6月。距離にすると首都リマから360kmですが、5000m級のアンデスを越える10時間の

右／セビーチェはそれだけでメニューが1ページあるくらい種類が多い。トウモロコシとジャガイモも、種類の多さに圧倒される。**中**／農家の台所。写真右奥の壁際に、食べるために飼っているクイが見える。アンデス山脈のタンパク源だ。**左**／チャンチャマヨのコーヒーの街・ビジャリカの入口に聳え立つ巨大なマキネッタ。

感動的な旅でした。

沿岸部のリマを出発し山道を上り始めると、植生と風景が変わってきます。途中で山岳列車とすれ違い、さらに高度が上がると積雪と、わずかに高山植物があるのみです。

５０００ｍの峠の先には深い青色の大きな池がいくつもあり、アルパカの群れと遭遇しました。

夕方に標高２０００ｍのコーヒーの中心地ビジャ・リカの街に着きました。この街で出会ったコーヒー関係者は、ほとんどがドイツ系移民の末裔でした。19世紀後半から20世紀前半に、多くのドイツ人がペルーに移住しました。

その中でもアンデスを越えてビジャ・リカに移住したグループはコーヒー栽培に取り組みました。コーヒーの知識がなかったために栽培も精選も暗中模索だったそうですが、そこは勤勉なドイツ人らしく、創意工夫しながら問題を解決していったそうです。

僕はそれを、自身の目で見て確認しました。他の産地では見たことのないようなパーチメントの乾燥機がありました。時代が下って3世・4世になってもドイツ語が残っていることも驚きでした。

ペルーは文化的美食、ガストロノミーでも有名です。リマには世界のトップランキングに入るレストランが多数あります。

また、ジャガイモとトウモロコシの原産地でその種類も豊富ですし、「アマゾンの西側の産物がリマに届き、東側の産物がブラジルのサンパウロに送られる」と言われるほどの食の中心地です。加えてリマは海産物の宝庫でもあり、セビーチェが有名ときています。

それゆえに、ペルーへの出張は食事もたいへん楽しみです。

Column

05

各国各地の飲み方・淹れ方

各国特有のコーヒーの飲み方は、それを知るだけでも楽しくなります。品質の高い豆は輸出に回されるため、産地ではなかなか美味しいものには出合えませんが、コーヒー文化には触れられます。

世界には、日本では馴染みのない抽出方法や飲み方も存在します。まずは抽出からご紹介しましょう。

伝統的にドリップをしている国は結構ありますが、使う器具はそれぞれ違います。

アフリカ大陸の東に浮かぶマダガスカルでは、籠の中に布が入っているドリッパーを使っていました。

中南米では、ブラジルは木製のスタンドとネルのドリッパー。コスタリカでは木製のスタンドとネルのドリッパーもありますが、チョレアドール（chorreador）というドリッパーとサーバーが一体化したペーパーフィルターもあります。

キューバで見掛けたのは鉄枠のスタンドにネルフィルター。

コロンビアは田舎に行くとネルドリップですが、サトウキビの絞り汁を加熱して作った含蜜糖「パネラ」をお湯に溶かしてコーヒーを抽出するパネラコーヒーが美味しいです。

飲み方の面で言えば、このコロンビアでだけでなく、ミャンマーでもコーヒーにライムが添えられてきて驚きました。南米と東南アジアという世界的にもまったく異なるエリアにもかかわらず、似たような飲み方をするのは興味深いですね。

コロンビアの農家に行くと、必ずと言っていいほどコーヒーとおやつをご馳走してくれる。

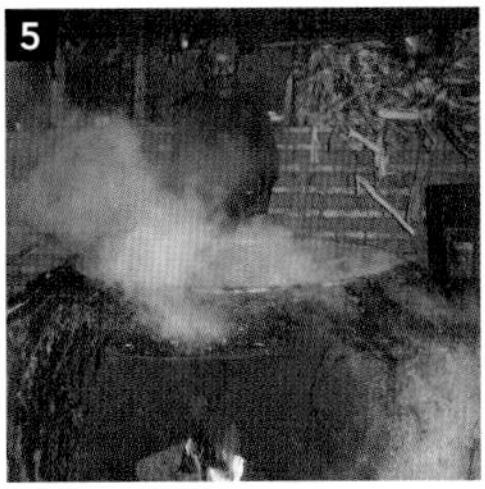

1.マダガスカルのユニークな籠フィルター。**2.3.**ペルーのパサドール・デ・カフェとその抽出。**4.5.**コロンビアのパネラコーヒーは大きなネルフィルターで淹れる。パネラはサトウキビを絞り、釜で作る。**6.**ミャンマーのライムコーヒー。**7.**ジャマイカのコンデンスミルク入りコーヒー。**8.**タンクを背負ったコロンビアのコーヒー販売員と筆者。

また、エクストラクトコーヒーはペルーでよく見掛ける飲み方です。パサドール・デ・カフェ（Pasador de café）と呼ばれるホーローのドリッパーとサーバーで、とても濃いコーヒーを抽出します。それを醤油差しのような瓶に入れておき、コーヒーを飲む際にはカップに抽出液を入れ、自分の好みに合わせてお湯を注いで割るのです。

ジャマイカでは、コーヒーにコンデンスミルクを入れて飲みます。会社や家を訪ねた際に、言わないと自動的にこのコーヒーが出てきます。昔の飲み方はこれにひとつまみの塩を入れたそうです。甘味を増すためでしょうね。

コロンビアやエルサルバドル、グアテマラなどの街では、背中に保温タンクを背負ったりカートに乗せたりしたコーヒー売りも多くいます。

Part.2

もっと知りたい美味しいコーヒー

本章では、一般には漠然と言われがちな美味しいコーヒーが実際にどんな過程を経て完成し、何が味に影響を及ぼすのかを解説します。コーヒーは栽培、収穫、精選、輸送、保管など各段階で生鮮食品同等の適切な管理が必要で、だからこそ「コーヒーはフルーツ」だと言えるのです。

収穫方法の違いとその影響

自走式収穫機は畑の作り方や品種改良にも変化をもたらした

収穫方法には、手摘み（ハンドピック）と機械収穫（メカニカルハーベスト）があります。まずは、古くから行われていた手摘みから説明します。手摘みはその方法と目的によって3通りあります。

●選別収穫
熟したチェリーだけを収穫。高品質のコーヒー畑で行われる。

●しごき収穫
枝をしごいて収穫する方法。コモディティ（普及品）の畑で行われる。

●ストリッピング
収穫期の終わりに摘み残したチェリーを摘み取ること。これは、ＣＢ（コーヒーベリーボアラー）という害虫がチェリーの中で次の収穫期まで生き延びるのを防ぐための、防虫対策としての手摘み。

コーヒーの花は、数回に分かれて咲き、開花と同じ順にチェリーが熟して行きます。栽培環境に恵まれた付加価値のあるコーヒーを生産する農園ならば熟したチェリーだけを選んで収穫しますが、コモディティのコーヒーを生産する農園では、ある程度熟した段階でしごいて収穫してしまいます。

ストリッピングは非常に重要な作業で、次期のＣＢＢの発生を減らす上に、減農薬に繋がります。

ちなみに、選別もしごきも一般的には収穫量による出来高払いです。選別収穫をしても１００％熟したチェリーだけを収穫することは不可能なので、収穫作業が終わった後、各自が未熟豆を分ける作業を行います。農園主は、同じ重さでも完熟豆のレートを高く設定し、未熟豆を収穫させないようにします。ストリッピングはそもそも量が少なく軽いので、日当払いの作業になります。

また、機械収穫にも2通りの方法

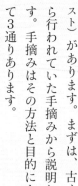

右／丁寧に完熟豆だけを手摘みする作業。**上**／マウイ島の自走式収穫機。これはJacto社製ではない。

があります。

●自走式収穫機
●ハンディ収穫機

1970年にブラジルの日系農機具会社Jactoが自走式収穫機を開発するまで、コーヒーの収穫はすべて人の手に頼っていました。

ブラジルの労働者が1日に収穫できる量が250L（リットル）だったのに対し、この自走式収穫機「K3」は1時間で4000L収穫できました。その後改良が繰り返され、最新機種は毎時最高1万4000Lも収穫できます。

自走式収穫機の出現で畑の作り方が変わった上、品種改良もこの機械のスペックに合わせることが条件に加わりました。これによってブラジルのコーヒー産業は飛躍的な発展を遂げたのです。

しかし、この機械はブラジルのどこの農園でも使用できるわけではありません。非常に高価でかつ急斜面では使えず、平坦ないし緩やかな傾斜の大農園で使用されています。以前オーストラリアでコーヒー栽培が行われていた時は、この機械を使っていました。

現在ではハワイ島を除くハワイ諸島の大きな農園でも自走式収穫機を使っています。ハワイで使われる理由は、人件費が高くて手摘みでは計算が合わないからです。

機械収穫でお馴染みのブラジルでは、手摘みは非常に稀です。小農家や斜面の生産者でも、パパガジョと呼ばれるハンディ収穫機を使います（147ページ参照）。手元の2サイクルエンジンで機械の先端にある熊手を左右に小刻みに振動させて、枝からチェリーを落とします。

樹の下には事前に巨大な布を敷き詰めておき、落ちたチェリーを後から集めます。

プロセス(精選方法)の種類と味わい

精選方法によっても味わいは変わる

収穫したコーヒーチェリーを生豆にするまでは、大きくふたつの工程に分けられます。チェリーから乾燥豆になるまでの「ウエットミル」と、乾燥豆から生豆になるまでの「ドライミル」です。

1ウェットミル

どんな状態でチェリーを乾燥させるかで、風味が変わります。(最近では嫌気性発酵やイースト発酵などと呼ばれる特殊な方法も出てきましたが)、ここでは基本的なプロセスを紹介しましょう。

いずれのプロセスでもチェリーを水に漬け、まずは浮いたチェリーと沈んだチェリーを選別します。浮いたチェリーは品質的に劣るため、国内消費用に回ります。

●アンウォッシュト/ナチュラル

コーヒーチェリーのままで乾燥させる方法で、一番古典的なプロセス。19世紀中頃にイギリス人がウォッシュトを発明するまでは、この方法しかありませんでした。

機械や設備の投資が少なく手間が掛からないので、ロブスタ種の生産国やブラジルで主流です。

また、以前はアンウォッシュトという呼び名だけでしたが、最近では「ナチュラル」とも呼ばれます。僕は、コーヒーチェリーを機械乾燥させる大量生産型のコーヒーをアンウォッシュト、天日で時間をかけて乾燥させるコーヒーをナチュラルと呼んで、区別しています。

乾燥過程で果皮とミューシレージ(粘液)の風味が、パーチメント(内果皮)を通して豆へと浸透するので、非常にフルーティーでワイニーになり、甘味があるのが特徴です。

とはいえ下手な生産者が作ると腐った醤油のような匂いになってしまい、飲めたものではありません。なお、アンウォッシュトは、ナチュラルに比べるとフルーティーさが劣ります。

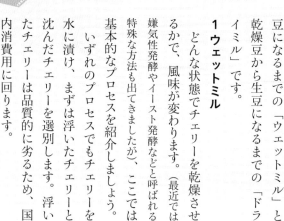

乾燥した豆の比較。手前から奥へと順にナチュラル、セミウォッシュト、ウォッシュト。もとはすべて同じ樹から穫れたコーヒーチェリーだ。

上／サンセバスチャン農園の乾燥場。手前がセミウォッシュト、左がナチュラル、右奥がウォッシュトの乾燥。

●ウォッシュト

果皮を取り除き、ミューシレージをパーチメントから剥離させたあと、水洗いして乾燥させたコーヒーです。飲み口がすっきりしていて、コーヒー本来の酸味が楽しめます。

●セミウォッシュト／パルプドナチュラル／ハニー

これらは、果皮を取り除いた後に「パーチメントにミューシレージが付いたままの状態」で乾燥させたコーヒーです。この製法をブラジルではパルプドナチュラルと呼び、その他の生産国ではセミウォッシュトとかハニーなどと呼ばれています。

爽やかなフルーティーさがあって、本当に上手な生産者が作るとミルク香が出ます。

なお、スマトラ島のセミウォッシュトは「スマトラ式」とも呼ばれ、果皮を取り除きミューシレージがついた状態で半日程乾燥させ、半乾きのままでパーチメントを脱殻し、生豆で再び乾燥させるという、独特のものです。

2ドライミル

ウェットミルがどの方法であっても、ここから先はまったく同じプロセスで、まずは脱殻（果皮またはパーチメント）します。その後は風力選別、サイズ選別、密度選別、メカニカルソーティング（機械で欠点豆を除去）、ハンドソーティング（手選別で欠点豆を除去）という作業を経て、輸出されます。

各選別工程で許容量を増やすか減らすかは、バイヤー次第です。

許容量を増やせば価格は安くなりますが、品質は落ちます。ハンドソーティングをするかしないかもバイヤー次第。いいコーヒーが高いのは、それだけ手間が掛かっているからでもあるのです。なお、各工程ではじかれた豆はさらに選別し直され、等級分けして販売されます。

欠点豆の見分け方と味への影響

味を落とす欠点豆を省けばコーヒーは美味しくなる

お米を購入して袋を開けた時、虫食いや欠けた米が入っていたらガッカリですよね。そんな米を炊いても美味しくないことを、皆さんは知っているからです。

その点はコーヒーでも同じなのですが、多くの人が気にしていません。気にしないというよりも、それが当たり前だと思っているのかもしれません。こうした問題のある豆は「欠点豆」と呼ばれ、確実に味を落とします。

1本の樹から穫れる豆は、すべてが同じ大きさや形ではありません。巨大な豆もあれば、小さな豆もありますし、残念ながら虫にかじられてしまった豆もあります。さらには栄養不足や病気にかかって変形した豆もあります。

未熟で収穫された欠点豆は、雑味やエグ味の原因となります。

収穫後の精選過程で、機械に挟まり潰れたり傷ついたりした欠点豆もあります。均一に乾燥されなかったり、乾燥後の保管状態が悪くて湿気を吸ってしまったりした豆も、味を悪くします。

かように欠点豆にはさまざまな種類があり、なおかつその欠点の内容により、どこで問題が発生したかも分かります。

コーヒーは出荷前に最終の精選作業に入りますが、どれだけ厳密に行うかの精度は「プレパレーション」によって変えます。プレパレーションとは豆のサイズ、密度、欠点豆の含有量を指します。つまり品質の規格です。

安く仕入れたかったら、プレパレーションを甘くすればいいのです。欠点豆の許容量が増えれば、いわゆる「歩留まり」がよくなるので生産者は安くしてくれます。しかし品質は落ちます。

きれいな焙煎豆

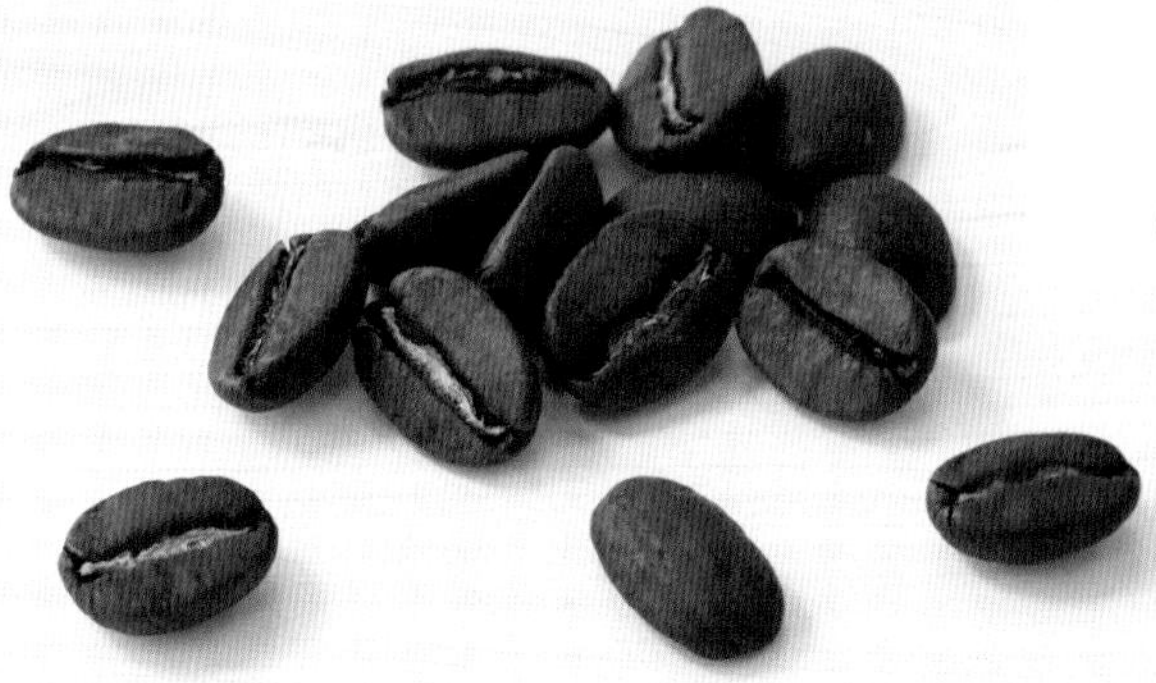

きれいな生豆

粒が揃い、欠点豆の混入がない焙煎豆。この美しさを覚えて基準にしたい。

主な欠点豆の例

欠け・割れ

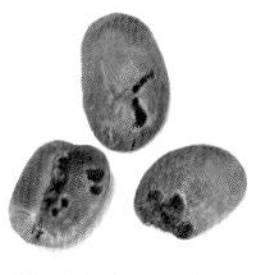

虫食い

つぶれ

しわ

貝殻豆（右側）

黒豆

つまりは、どんなに環境に恵まれた畑で育って収穫されたコーヒーチェリーでも、このプレパレーションの設定次第で、品質はピンキリになってしまうのです。ですから、例えば高級とされるブルーマウンテンコーヒーだからといっても、安く仕入れたプレパレーションの悪いものでは、それ相応の味しか表現できないのです。

　というわけで、皆さんがいつも使っている豆を白い大きな皿やコピー用紙に広げてみて下さい。お米のつもりで観察し、正常な形と欠点豆を分けてみてはいかがでしょう。ふだん飲んでいるコーヒーが、どんなプレパレーションか分かるはずです。そして欠点豆を取り除けば、コーヒーはもっと美味しくなります。しかし一番は、もともとそんな豆が入っていない、いい製品を買うのがお勧めです。

苗木の作り方と交配のこと

専門的だがコーヒーが育つ過程も知っておきたい

まずは苗木について説明します。

1 実生《みしょう》 普通に種子をまき、発芽させて苗を作る方法です。

2 挿し木 主幹から出る主枝の中で、勢いのある太くて充実した主枝を選び、葉がついた状態で5㎝程度の長さに切り揃えて「挿し穂」を用意します。葉はくさび形に切り、枝の先端は吸水をよくするために斜めに切ります。それを、殺菌した砂地に刺して根を出させて苗を作る方法です。

3 組織培養 葉の組織を取って培養して、苗を作る方法です。

苗木は1の実生で作る方法が一般的ですが、実生は収穫期間中に採取用に選んだ樹からチェリーを穫って種子を作るため、長く保管して鮮度が落ちると発芽率に影響します。また、100％親と同じ樹になるとは保証できません。対して挿し木や組織培養は一年中いつでも苗作りを始められ、もとの樹のクローンができるのも利点です。とはいえ組織培養には専用の設備と技術者、安定した電力が必要で、コストが掛かります。

4 接ぎ木 目的に合わせて、違う品種の苗同士を接ぎ木して苗を作ります。アラビカ種は土壌中の線虫に非常に弱いという問題があります。昔は専用の農薬を使っていましたが、劇薬ゆえ現在は使えません。そこで線虫に耐性があるロブスタ種を台木に使い、アラビカ種を接ぎ穂として接ぎ木を行います。

また、土壌のコンディションが悪いという理由で根をよく張るロブスタ種を台木にしたり、ベトナムのように収量増加目的の接ぎ木もあります（62ページ参照）。

コーヒー樹の品種に関しては、交配のことも大切です。

人工交配 2種類の品種を掛け合わ

右／右から、花が咲いて実になり熟していき、種子となり、発芽して双葉が出るまで。**上**／挿し木で発芽した主枝。挿し木をする場合は、このように葉の先端をくさび形に切ることがポイント。

せて、それぞれのいい点を兼ね備えた品種を作ります。パカマラ種を例に説明しましょう。

パーカスの樹のつぼみが膨らみ始めた頃に、特殊なハサミで雌蕊《めしべ》だけを残して雄蕊《おしべ》を取り除きます。そして枝に紙袋をかぶせて口を紐で縛り、よそからの花粉の侵入を防ぎます。

次にマラゴジッペの樹からつぼみを採取し、シャーレに入れてその中で開花させます。そしてパーカスの枝の紙袋の底を破り、そこからマラゴジッペの花をパーカスの雌蕊にふりかけて受粉させ、袋の底をやはり紐で縛って保護します。後に紙袋を取り除くと、枝のその部分だけに、マラゴジッペと交配したコーヒーチエリーができあがります。

チェリーが熟したら収穫して種子用に精選して播き、苗を作ります。これが1代目の交配種「F1」です。F1はそれぞれの親の特性を兼ね備えていますが、個体差があります。樹の高さも枝の角度も、葉や実の形も違うバラバラの樹が生まれます。その中から目的とする形状の樹を選び、実を採取して再び植えます。これがF2。新しい品種を作るのは、何回も繰り返して種の固定をしていく、非常に時間の掛かる作業です。

戻し交配（バッククロス）　代表的な品種に「カティモール種」があります。これはカトゥーラ種とハイブリッドティモール種の交配で、F1を作るまでは人工交配と同じです。「サビ病耐性をハイブリッドティモールから、品質と収量をカトゥーラから受け継いだ品種を作る」ことを目的として、F1にもとの親の片方であるカトゥーラを交配させます。これがバッククロスです。それを何回も繰り返すことでカトゥーラの血が濃くなり、品質がよくサビ病に耐性のある品種が生まれる仕組みです。

輸送方法と温度管理の大切さ

定温管理のリーファーコンテナでの輸送は必須

長いことコーヒー業界では「生豆は劣化しない」という都市伝説がまかり通っていました。生豆が入った麻袋が熱い焙煎機の真横に置かれた光景はよく見るし、生豆をむき出しで展示販売する店もあります。生豆はそのまま放置すれば確実に劣化するのに、です。

しかしそれ以前に、輸送方法の問題で日本に到着する前から劣化が始まっています。

一般的にコーヒーは、コンテナに入れて船で運ばれます。コンテナには全長20ft（6m）と40ft（12m）の2サイズがあり、各サイズともただの鉄の箱の「ドライコンテナ」と、温度管理ができる「リーファーコンテナ」があります。

船のどこに置かれるかにもよりますが、洋上ではドライコンテナの中は60度以上になります。湿度管理もできず、結露を起こす可能性もあります。洋上でも夜は温度は下がりますが、コーヒーにとってその温度差は大敵です。温度と湿度の変化は品質に大きく影響してしまうので、それらが常に安定する環境が必要です。

どんなに高品質のコーヒーでもドライコンテナでは元の品質は保てません。特に高温多湿の日本では、梅雨から夏に届いた場合は影響を強く受けるでしょう。コンテナを開けた途端に熱気と湿気にさらされるからです。品質を保つには特殊なプラスチックを内側に入れた麻袋を使い、温度管理（僕の会社では18度）ができるリーファーコンテナで運ぶことが必須です。

しかし、残念ながら日本に輸入されるコーヒーの99％以上が、ドライコンテナなのが現実。理由はリーファーコンテナのほうが運賃が3倍も割高だからです。

とはいえ40ftのコンテナに適量積

コンテナは20ftと40ftの２種類があり、写真左側の白い40ftはすべてリーファーコンテナ。よく見ると側面にエアコンがついている。

んだとした場合、生豆に加わるキロ当たりの価格差は15円程度。焙煎して10g使ってコーヒーを抽出しても、1杯たった0・18円という差です。多くのコーヒーがこのわずかな額を惜しんで、取り返しのつかないほど劣化してしまっているのが現実なのです。

僕は以前、ブラジルとグアテマラから、それぞれ同じロットでドライとリーファーで輸入して実験したことがあります。

グアテマラは我々プロが多少の劣化を感じる程度でしたが、ブラジルは誰が飲んでも感じる歴然の差。違いの理由は航路の長さ。ブラジルから40～50日かけて来るのと、その半分で到着するのとでダメージに差が出たのです。

なお、グアテマラからドライコンテナで届いたものは、日本到着後の劣化速度がリーファーコンテナ輸送のものよりはるかに早いことも分かりました。やはり過酷な環境が、生豆にボディブローにように悪影響を与えたのでしょう。

そして輸送だけでなく、日本到着後の保管方法も非常に大切です。こちらも温度管理ができる定温倉庫での保管が必須です。

最近、日本の港でも定温倉庫で保管される麻袋が増えました。それはいいのですが、大半がドライコンテナで輸送されてきたもの。言葉はひどいかもしれませんが、これでは腐りかけたものを冷蔵庫で保管するのと同じで、意味がありません。

僕が長年「コーヒーはフルーツである」と言い続けているのはこのことです。最近では「コーヒーはフルーツ」というフレーズだけはよく見掛けるようになりましたが、まだまだ本当のフルーツ同様の扱いになっていないのが実情です。

コーヒーの「美味しさ」とは何か

酸味や苦味は大人になって分かる味

コーヒーの美味しさを語る以前の問題として、そもそも「美味しさ」とは何でしょう。本質を捉えるためには、まずそこに目を向ける必要があると思います。

実際には味わいや見た目・食感など、人によってさまざまな「美味しさ」が存在し、言うなれば、１００人いれば１００通りの美味しさがあるとも言えます。

しかも気の合う仲間との食事や事前の情報、馴染み深い味など、その場の雰囲気や記憶によっても美味しさは大いに左右されます。極端な例を挙げるなら、空腹時には何を食べても美味しいと感じる人もいるでしょう。

「美味しさ」とはあまりにも広く主観的な感覚で、言葉で表現するのは大変難しいのです。

では、逆説的に考えてみるとどうでしょうか。

「美味しくない＝まずい」を反対語として捉えるならば、「まずい」はそもそも「貧しい」が語源と言われており、「味が足りない」「充足感が得られない」と意味づけられます。つまるところ、味が満ち足りていて充足感があることが「美味しい」ことだと言えるでしょう。

いずれにせよ、それらを感じるためには何より味覚が重要です。

味覚の種類には甘味、酸味、苦味、塩味、旨味があり、この5つの味は「基本味」や「五味」と呼ばれます。五味は、口の中、特に舌やのど、上あごに多く存在する味蕾《みらい》によって受容され、味神経を介して脳に伝わります。

甘味や塩味・旨味は生命維持に必須の栄養素やミネラルの味わいであるのに対し、酸味は腐敗、苦味は有毒な物質の危険信号として認識され、特に小さな子どものうちはこれらを

そもそも「美味しさ」とは極めて主観的な言葉で、表現するのも難しいが、本当に美味しいコーヒーは、ボディが強くてコクがあり、酸味の中にも甘みを感じる。

不快と感じ、吐き出すことで身を守ろうとします。

とはいえ酸味や苦味を感じる食品が必ずしも危険ではない現代では、大人になるにつれて「この味は安全だ」と学習して普通に食べられるようになったり、むしろ苦味のあるコーヒーやビール、お茶などの嗜好品を好んで摂取するようになったりするものです。

それは、安全であることを記憶した脳が、酸味や苦味と同時に感じる他の味とともに、美味しいと感じるようになるからです。

特にコーヒーについては、甘酸っぱさ（フルーツ様の酸味）や苦味の中の甘さ（チョコレートやカラメル様の甘味）を美味しいと感じることが多く、それらの味わいや香りを具体的に表現することで、人に美味しさを伝えることが可能となっています。

Part.3

世界のコーヒーの現在と未来

ここでは、世界のコーヒーがいま抱えている課題や諸問題についてを解説します。気候変動による「コーヒーの2050年問題」を筆頭に貧困やジェンダーギャップ、廃棄物など、コーヒー関連産業が率先して取り組むことで改善に向かう問題がたくさんあると気づきます。

農園における諸問題とその解決策

栽培や加工だけでなく地域社会への貢献も

1980年代、僕がジャマイカでブルーマウンテンコーヒーの農園開発・管理をしていた当時は、何の疑いもなく農薬を使っていました。これはジャマイカに限ったことではなく、世界中で行われていたことです。

ある時、土壌の線虫を殺すために顆粒状の農薬を畑に撒きました。数日後、空を飛んでいた小鳥が目の前に落ちて息絶えました。最初は何が起きたのか理解できず周囲を見回しましたが、すぐに農薬が気化して死んだと気づきました。

これでは人間にも害がないわけがないと思い、農業従事者の健康管理をしてくれる機関や病院を探しました。しかし、農業省やコーヒー産業公社に問い合わせても「そんな機関はない」という返事で、中には質問の意味さえ理解しない担当官もいました。最終的にはインド系の医師にたどり着き、相談に乗ってもらいました。

その後は農園スタッフと労働者を定期的に彼のクリニックに行かせて、血液検査と尿検査、問診をしてもらうようにしました。

農薬散布用のプロテクターは完備していましたが、傾斜地の重労働で日中は暑くなるので嫌がって着用しない労働者が多く、その意識を変えるために、農薬の薬害や正しい管理・散布方法、使い切った農薬の空き瓶の処理などのセミナーを頻繁に開きました。

農薬の空き瓶は放置したりゴミ捨て場に捨てたりすると、地元の人や日雇いの労働者が水汲み用に持って帰ってしまうのです。

また、精選工場では大量に出るメタンガスを含んだ酸性の汚水を果皮と一緒に川に垂れ流すこともしていました。その結果、ジャマイカの環境保護団体から「ブルーマウンテン

上3点／コーヒーの天敵CBB（コーヒーベリーボアラー）の成虫と被害に遭った豆。コーヒーチェリーがまだ青い時期に、チェリーの先端の柔らかい箇所から穴を開けて中に入り、豆を食べてしまう。**下右**／おびき寄せられたCBBのメスが石鹸水の中に落ちて死ぬことで発生を抑える装置。**下左**／オレンジ色のてんとう虫はコーヒーにつくカイガラムシの天敵。

山脈の環境を破壊しているのはコーヒー産業だ」と糾弾されてしまいました。

もう一度言いますが、これはジャマイカだけで起きたことではありません。世界中の生産国で起きていた問題なのです。

それゆえに80年代中頃以降は、このままではコーヒー産業が立ち行かなくなると真剣に考えて、さまざまな取り組みがなされるようになりました。

そのいくつかを紹介します。

病虫害対策

＊バイオロジカル・コントロール（生物的防除） 菌や天敵を使っての防除。

＊カルチュラル・コントロール（栽培的防除） 病害虫の習性や特性を研究し、罠や忌避する匂いで寄せつけなくする防除。

最終手段として、必要最低限の農

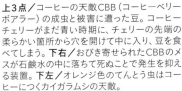

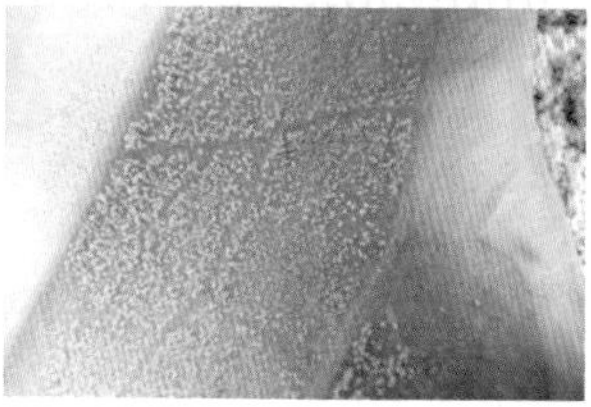

上／均一なシェードに覆われたエルサルバドルのコーヒー畑。空気中の窒素固定をして土壌を豊かにする豆科高木種をシェードにしている。**右2点**／鉄サビのようにコーヒーの葉の裏に黄色の粉が付いた斑点。サビ病に感染した葉は落ちてしまう。

薬を使用します。また農薬の管理を徹底し、使用記録を残すことも当たり前になっています。これは、最近日本でもよく言われるようになったトレーサビリティー（生産履歴）にも繋がります。

シェードグロウン（日陰栽培）

　コーヒーが質より量を求められた時代、矮性で収量が多くシェードツリーが要らない品種が持てはやされました。それに拍車をかけたのがサビ病です。

　中南米にサビ病が感染した70年代以降、サビ病に耐性のある品種と矮性品種を掛け合わせた人工交配種によるサングロウン（日向栽培）が各国で広まりました。

　しかしながら、日陰栽培には数多くの効用があります。

*日陰樹からの落葉が土壌表面をカバーして、雑草を生えにくくしてくれる。（除草剤の使用軽減）

右／コーヒーの水洗加工で出た汚水を処理するタンク群。**中**／環境保護意識の高い農園では、数多くの分別ゴミ箱が用意されている。**左**／標語を記した看板が至るところにある、レインフォレスト・アライアンスの認証農園。

＊日陰樹の落葉が堆肥になる。
＊背の高い日陰樹の根が土中に張り、土壌侵食を防いでくれる。
＊日陰樹によって霜や雹の被害を軽減できる。

昨今はスペシャルティコーヒーブームによって、在来種の品質や希少性が認められ始めるとともに、シェードグロウンの重要性とそれによって作られたコーヒーの価値も見直されてきました。

廃棄物処理

＊汚水処理

コーヒーの精選で出る酸性汚水は、石灰を混ぜて中和させてから、数か月かけてフィルターをかけて魚が住める状態まで浄化して川に流しています。

＊果皮の処理

以前は、自然に分解するまで待つかそのまま畑に撒いて有機肥料のような扱いをしましたが、これをミミズに食べさせて短期間で栄養価の高いミミズの糞の有機肥料を作る農家が増えています。

本書のコラム「世界のコーヒー製品」（136ページ）でも紹介したように、コロンビアの女性生産者グループはこれでお菓子を作って売っていますし、グアテマラではジャムも作っています。

＊パーチメントの処理

以前は機械乾燥機の熱源に山から切り出した薪を使いましたが、昨今ではよく燃えるパーチメント・ハスク（殻）を使っています。

自然環境保護

農園内でもゴミの分別を呼びかける看板とゴミ箱をよく見掛けるようになりました。また「狩猟禁止」「植物採取の禁止」の看板を至るところに立てている農園も多くあります。

地元の大学と共同で在来種の蝶の研究をしている農園や、アメリカの

上／グアテマラのサンセバスチャン農園の学校は、1940年代に開校した。子どもたちの笑顔が印象的だ。**下右**／コロンビアのコーヒー生産者連合会が作った小学校。**下左**／タンザニアのンゴロンゴロ修道院コーヒー園が開校した、寄宿生女子校。

研究機関と渡り鳥の調査をしている農園もあります。

ここまでは栽培面や精選加工での取り組みを紹介しました。各国の農園では、さらに、地域社会への貢献も活発になってきました。

教育支援

農園で働く労働者の子弟のみならず、周辺の子どもたちのための学校を設立し、さらに上の学校への進学を希望する子には、学力次第で奨学金も出しています。

また、僻地で学校建設をしている輸出会社もあります。

医療支援

農園内に医療設備を設けて、労働者の家族と周辺住民の医療サポートをしている農園もあります。

女性生産者支援

コーヒー産地ではこれまでは女性の立場が弱く、男性がすべてを仕切

元気いっぱいで明るいホンジュラスの女性生産者グループ。

コロンビアの女性生産者グループを、ルワンダのコーヒー関係者が訪問。遠く離れた南米とアフリカの関係者が意見を交わす貴重な時間になった。

っていました。しかし女性が農園経営に携わるようになると、彼女たちが「いいコーヒーを作れば高く売れて収入も増える」ことに気づき、収入を子どもの学費や次の肥料の購入費に回すという、いい循環が生まれました。

コロンビアでは、女性生産者のコーヒーは品質がいいので農協が高値で購入しています。こうした支援も各国で始まっています。

国による差こそありますが、このように中南米の生産国では30年以上も前からサステイナブルなコーヒー栽培・加工・農園経営に取り組む農園が増えています。

しかし残念ながら、この傾向はアフリカやアジアではまだ十分に浸透しているとは言えません。ぜひとも今後に期待したいと思います。

「コーヒーの2050年問題」と対策

地球温暖化がコーヒーにもたらす影響は大きい

最近は「コーヒーの2050年問題」を一般紙でも見掛けるようになりました。地球の温暖化によってコーヒーの栽培適地が2050年には半減してしまうだろう、と言われる問題です。

その原因は、温暖化でサビ病が蔓延していることだと説明されています。実際、サビ病は以前は見掛けなかった高地でも発生するようになりました。そこで大手のコーヒー会社はサビ病に耐性のある品種改良に場所を提供したり、苗を無償で農民に供給していることを「SDGsへの貢献」だと宣伝しています。

しかし、果たしてそれが本当に問題解決に繋がるのかなと、僕は考えてしまいます。

サビ病がこの世の中に出現して170年あまり。ブラジルに伝播し中南米を席捲してから50年以上が経っています。別に、新型コロナのように突然未知のウイルスが出現したのではありません。

世界のコーヒーの65%近くを生産する中南米は、この50年、サビ病と共存してきました。もちろん温暖化によってサビ病が高地でも発生しやすくなり、雨期と乾期のパターンが不安定化してサビ病が生き延びやすい環境になったことは確かです。

しかし最大の問題は、この50年間変わらないコーヒーの国際価格だと僕は思います。最近コーヒーの価格が上がったとよく言われますが、過去の数字を見ればずっと同じレンジを上がったり下がったりしていることが分かります。コーヒーの価格が上がったのは円安の影響です。

この間に人件費も肥料代も燃料費も数倍に上がっています。肥料代はロシア・ウクライナ戦争開始以降、3倍以上に跳ね上がりました。今の国際相場では生産者はまともにコー

サビ病の被害で放棄された畑。樹全体を枯らしてしまうサビ病の被害は甚大だ。

ヒー樹に肥料もあげられませんし、サビ病を抑える農薬の購入もできません。サビ病耐性の素晴らしい新品種ができても、仮にそれを無償でもらえたとしても、多くの生産者に植え替える体力はありません。

コーヒーも人間と同じです。しっかり栄養を摂っていれば、風邪を引きにくくなります。コーヒーの品質に見合った価格で購入してくれる顧客を持つ農園の樹々は、濃い緑の葉をたくさんつけてサビ病と共存しています。

我々コーヒー業界の人間は、コーヒーの価値を上げることに努力し、相場に振り回されず品質に対して対価を払い、また、払って頂けるコーヒー市場を作っていかなくてはなりません。

温暖化の影響で深刻なのは、前述の「雨期と乾期がずれ始めたこと」です。

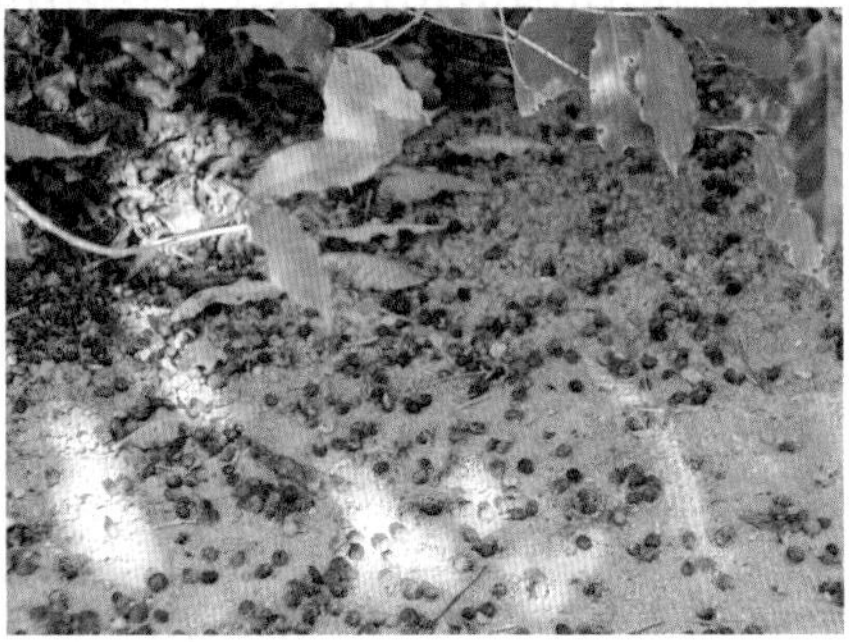

右上／大雨で割れてしまったコーヒーチェリー（ホンジュラス）。**左上**／大雨は土砂崩れなどの災害ももたらしてしまう。農園は山間部に多いだけに被害は甚大になる（パナマ）。**右下**／雨で落ちてしまったチェリー（ブラジル）。**左下**／雹による被害。枝に傷がついているのが分かる。

＊雨が降らない雨期
＊雨が降り過ぎる雨期
＊乾期に入っても降り続く雨
＊雨期に降った雨量が多く乾期になっても湿度の高い畑

こんな気候変動から、以下のような問題が発生します。

＊開花時期／収穫時期が変わる
＊開花期間／収穫期間が間延びする
＊開花後の大雨で結実しない
＊収穫直前の大雨でチェリーが割れてしまう
＊雹による被害
＊病気の発生

収穫期間が間延びすると1日の収穫量が少なくなるので、歩合で働く収穫労働者たちはもっと割のいい仕事を求めてしまい、農園に来てくれません。また、肥料を与えるタイミングも難しくなります。

我々は、真剣に地球温暖化の問題を考えなければいけません。

上／気候変動によるブラジルの霜害。畑のコーヒー樹がすべて茶色く焼けてしまった。**下**／ブラジルの干ばつ。カラカラに乾いてひび割れた大地ではコーヒー樹も育たない。

コーヒーにまつわる大切なこと

本書の最後には、僕の長年にわたる農園管理での経験則や、各国のコーヒー農家の人たちとともに働いてたどりついたコーヒーにまつわる大切なことをお伝えします。皆さんにも、ぜひ想いを巡らせて頂きたい内容です。

互いを理解する。

消費者は生産者の現状を知り、生産者は消費国の市場を知ることが、サステイナブルなコーヒー市場に繋がります。

料理の味が素材で決まるように、コーヒーの味と香りを決めるのは生豆の品質。

「焙煎こそがコーヒーの味を決める」「抽出技術がすべて」「どんな豆でも焙煎で美味しくなる」などは誤りです。日本においては、戦後まもない頃に質の悪いコーヒーを何とか美味しくしようと焙煎技術を磨いたことが、焙煎至上主義に陥った原因ではないかと思います。

コモディティあってのスペシャルティ。

スペシャルティの対義語は「一般流通品」を意味するコモディティ。しっかりしたコモディティコーヒーが作れない産地で、スペシャルティができるわけがありません。しかもすべてのコーヒーのうちの90％はコモディティであり、その価値を認める市場を作らないと、生産者はいなくなり、高いコーヒーしか生き残れなくなってしまいます。

スペシャルティだけがいいコーヒーだと思うのも大きな誤り

普及品であるコモディティコーヒーにも、美味しいコーヒーは存在します。それは、プレパレーション（選別）の精度次第です。コモディティの中でも品質を重視して作っている「ハイコモディティ」の存在を知って欲しいと思います。

コーヒーの歴史は地政学と密接。

コーヒー伝播の軌跡を追うと、各時代の列強の手によって世界に広まっていることが分かります。一般的なコーヒーの歴史だけでなく、非情な植民地政策、国も国民も不幸にする内戦、そんな中でも続けられた栽培や品種改良へのたゆまぬ努力も、併せて知ってもらいたいと思います。

Street smartな生産者たち

不便な地で生活しコーヒー栽培や精選に従事している生産者たちは、street smartな（生きることに賢い）人たちです。先進国の人間が思いもつかない方法で問題を解決する能力を持っています。

本当に美味しいコーヒーはボディが強く、コクがある。

コクとは、濃いということではありません。そして、酸味の中に甘みを感じます。品質のいい完熟した実を収穫すれば、雑味とエグ味のない、果実のフレッシュな酸味を感じられます。

スコールの匂いが分かる。

熟練した生産者たちは、スコールの匂いをいち早く感じることができます。乾燥中のコーヒーが水に濡れると品質に重大なダメージを与えてしまうからです。

コーヒーの品質に関心を持つ

消費者が、美味しいコーヒーとまずいコーヒーの正しい評価をするようになれば、全体の品質の底上げに繋がります。

「貧しい人から買ってあげよう」は本当にサステイナブル？

それはチャリティーでしかありません。どうすればもっと美味しくなり、付加価値がついて、少しでも高く売れるかを教えてあげるほうが、本当の持続可能性に繋がるでしょう。

コーヒーの価値を上げる

我々コーヒー業界の人間は、真剣にコーヒーの価値を上げる努力をしなければいけません。品質を上げて、品質に見合った価格を納得して支払ってもらう市場を作る必要があるのです。

付録

知っておきたいコーヒー用語事典

産地の話からカフェや自宅で味わう一杯まで
コーヒー用語はとかく専門的なものですが
少しずつでも覚えれば、楽しい世界が広がります。

【あ】

ＩＣＯ（アイシーオー）

国際コーヒー機関。１９６３年、国際コーヒー協定の運営を管理するために発足した政府間組織。現在の活動はコーヒー産業の発展・消費の振興に主眼が置かれている。

アナエロビック

嫌気性発酵の意。近年開発された発酵プロセスのひとつで、一般的な好気性発酵と違い、密閉することで酸素に触れさせず、酸素なしで活動できる微生物によって発酵させる。２０１４年のコスタリカＣＯＥ（カップ オブ エクセレンス）で初めてそのコーヒー豆が出品された。もとはワイン醸造に用いられる手法。

ＡＦＣＡ（アフカ）

もともとは２０００年に、東アフリカのアラビカ生産国のコーヒーをプロモートする協会・ＥＡＦＣＡ（東アフリカファインコーヒー協会）として発足したが、現在では、アフリカ全体を包括するＡＦＣＡ（アフリカファインコーヒー協会）に変わった。

アメリカン

浅煎りのコーヒー豆で淹れたさっぱりとしたコーヒー。砂糖やミルクを加えずにたくさん飲むのがアメリカンスタイル。

アラビカ種
エチオピア原産とされる種で、高温多湿の環境に弱く、一般には比較的標高が高い、冷涼な土地で栽培されている品種。優れた香味・風味をもつ。高品質なストレートコーヒーのほとんどがこれ。

アロマ
コーヒーを抽出した後に立ちのぼる香りのこと。

インスタントコーヒー
抽出したコーヒー液の水分を乾燥または蒸発させて粉末状にしたもの。

SCA（エスシーエー）
もとはSCAA（アメリカ・スペシャルティコーヒー協会）で、1982年にスペシャルティコーヒーの世界的な指標・基準の普及を目的に発足した組織。2017年にSCAE（ヨーロッパスペシャルティコーヒー協会）と合併して、SCA（スペシャルティコーヒー協会）になった。

SCAJ（エスシーエージェイ）
日本スペシャルティコーヒー協会。2003年、日本でのスペシャルティコーヒーの普及・啓蒙を目的に発足した団体。プロのコーヒー販売員の育成を目指す「コーヒーマイスター養成講座」や「ジャパン・バリスタ・チャンピオンシップ」の主催などの活動をしている。

エスプレッソ
イタリア語で「早い、急行」の意。数十秒と短い時間で30㏄ほどを抽出することからこう呼ばれる。人工的な圧力を使った抽出方法。イタリアのバールでは砂糖をたっぷり加えて立ち飲みで楽しむスタイルが多い。

オーガニックコーヒー
認められた農薬以外は使用していない有機栽培のコーヒー豆、またはその豆から抽出したコーヒー。日本で販売する場合は、JAS有機の認証取得が必要。

オールドクロップ
収穫されて2年以上経った生豆で、含有水分量が少ない。オールドコーヒー、エイジドコーヒーとも呼ばれる。一部で珍重されるものの、味わいの面では、やはり古いコーヒーであることは否めない。

【か】

カップ・オブ・エクセレンス
生産国ごとに行われるコーヒーの国際品評会。

カップテスト
コーヒーの品質を見極めるための官能検査。

カネフォラ種

西アフリカから中央アフリカが原産のコーヒー。ブレンドの材料やインスタントコーヒーの原料として利用されることが多く、これの代表格であるロブスタ種が代名詞になっている。主にベトナム・インドネシアなどの東南アジアとブラジルの低地で栽培される。ロブスタ臭とも言われる独特のクセがあるが、比較的育てやすい。一般には病害虫にも強いとされるものの、これは特定の病気や線虫に耐性があるだけで、必ずしもすべてに強いわけではない。

キュアリング

精選し乾燥が終わったコーヒー豆を冷暗所に保管して、乾燥工程で受けたストレスを抜き、休ませる作業。

ゲイシャ種

アラビカ種の原種のひとつ。エチオピア南部・ゲシャ村に由来し、ジャスミンの花にも例えられる独特の香りが特徴。パナマ産ゲイシャが品評会で高評価を得て以降、世界的にブームになった。

欠点豆

虫食いや割れ、空洞のある豆、未成熟の豆など、味を落とす原因となる豆。味に及ぼす影響度によってポイントの数え方が変わる。

嫌気性発酵

アナエロビックの項を参照。

コーヒー

アラビア語でコーヒーを意味する「カフア」が転訛したもの。また一説にはエチオピアのコーヒー産地・カッファがアラビア語に取り入れられたとも言われる。この語がコーヒーの伝播に伴い、広がったもので、日本には江戸時代にオランダからもたらされたとされる。

コーヒーチェリー

コーヒーの実のこと。赤く熟したコーヒーの実がサクランボに似ていることからこう呼ぶ。

コーヒーの日

1983年に全日本コーヒー協会が10月1日をコーヒーの日とした。国際協定により定められたコーヒー取引の新年度が10月1日であることにちなむ。

コーヒーベルト

南北緯25度以内の熱帯地方でコーヒーの栽培が可能なエリア。地球をベルト状にとりまくこの一帯にはその栽培に適した気候風土があることから、多くの生産国がある。

コーヒー豆

アカネ科コフィア属の熱帯植物コーヒーノキの種子。直径1・5〜2㎝ほどの果実の中心に、向かい合う形で2粒の種子がある。英語でも豆を意味する語を当てて「coffee bean」と呼ぶが、実際は種子。

【さ】

サードウェーブ

アメリカにおける「コーヒー界の第三の波」。西海岸で2000年代前半に起こり、高品質なスペシャルティコーヒーを主に扱う。諸説あるが、1980年代に中小の会社が集まってアメリカ・スペシャルティコーヒー協会（SCAA）を発足させたのがファーストウェーブ、1990年代のシアトル系エスプレッソコーヒーの流行がセカンドウェーブというのが本書筆者の見解。昨今日本の巷で言われる「サードウェーブ」は、アメリカのサードウェーブが日本に逆輸入されたことを指すと言える。

サイフォン

風船型のガラス容器を上下に備え、気圧差による湯の移動を利用して抽出する器具。19世紀にヨーロッパで発明され、日本には大正時代に伝わったという。化学実験をするかのような操作の面白さに加え、慣れれば誰でも安定した抽出ができるのも利点。

サステイナブルコーヒー

サステイナビリティー（sustainability＝持続可能性）に配慮したコーヒーのこと。現在のことだけではなく未来のことも考えた上で、自然環境や人々の生活をいい状態に保つことを目指して生産・流通されたコーヒーの総称。

サングロウン

日陰樹を使わず日なたでする栽培のこと。対義語は日陰栽培を表すシェードグロウン。

シアトル系

アメリカ・ワシントン州シアトルを中心とした西海岸から発展したカフェスタイル。浅煎りのアメリカンではなく、深煎りの豆で抽出するエスプレッソをベースとしたバリエーションコーヒーで人気。スターバックスやタリーズ、シアトルズベストなどが代表格。

シェードグロウン

日陰栽培。大きな日陰樹（シェードツリー）の下で栽培する方法。対義語はサングロウン。

自家焙煎店

生豆を店で焙煎し販売する小規模店。これに対し中規模以上の卸がメインのコーヒー焙煎業者をロースターと呼ぶ。

スクリーン

生豆の大きさを表す世界基準。スクリーンナンバーが大きいほど粒が大きい。

スペシャルティコーヒー

日本スペシャルティコーヒー協会（ＳＣＡＪ）では次のような定義を定めている。曰く、「消費者の手に持つカップの中のコーヒーの液体の風味が素晴らしい美味しさであり、消費者が美味しいと評価して満足するコーヒーであること。風味の素晴らしいコーヒーの美味しさとは、際立つ印象的な風味特性があり、爽やかな明るい酸味特性があり、持続するコーヒー感が甘さの感覚で消えていくこと。カップの中の風味が素晴らしい美味しさであるためには、コーヒーの豆からカップまでの総ての段階において一貫した体制・工程・品質管理が徹底していることが必須である」。

精選

コーヒーの実から種子を取り出し、生豆までにする加工作業。プロセスともいう。

全日本コーヒー協会

日本のコーヒー産業の発展を図るために設立された協会。１９５３年発足。１９８０年に社団法人化。

ソーティング

欠点豆を取り除く作業。機械で行うのをメカニカルソーティング、手選別をハンドソーティングという。日本では一般にハンドピックと呼んでいるが、これは英語の誤用。ハンドピックとは本来、収穫時の手摘みのことを指す。

【た】

ドライコンテナ

運搬用のコンテナで空調設備がないもの。これに対し空調があり定温輸送ができるものをリーファーコンテナと呼ぶ。

ドライミル

コーヒーの実を乾燥させた後に、生豆にするまでの作業。

【な】

生豆

コーヒーの実を精選し、果皮、内果皮を取り除いた状態のもの。焙煎する前のコーヒー豆。人によっては「きまめ」と読む場合がある。

ニュークロップ

その年に収穫、出荷されたコーヒー豆のこと。

ネルドリップ

ネルとは起毛した織物・フランネルのことであり、このネルで作られた布製のフィルターでコーヒーを抽出すること。舌触りが滑らかでコク深い味わいになるのが利点だが、ネルは使用の度に煮沸洗浄して水に浸けたまま冷蔵庫に保管する必要があり、手間は掛かる。

【は】

パーチメント

コーヒー種子（いわゆるコーヒー豆に相当）の外側の殻がついた状態の豆を指す。殻は、パーチメントハスクと呼ぶ。

焙煎

生豆をから煎りし、独特の香味を引き出すこと。何度の熱に何分さらされたかで香り、味わいが決まる大切な作業。ロースターと呼ばれるコーヒー豆卸業者のほか、小売りをするビーンズショップや喫茶店などでも行われる。直火焙煎、熱風焙煎、遠赤外線焙煎、マイクロ波焙煎などさまざまな焙煎方法がある。

ハンドピック

手摘み収穫のこと。日本のコーヒー業界では生豆の選別もハンドピックと呼んでいるが、それは間違いで、正しくはハンドソーティング。

ピーベリー

通常はほぼ同じ大きさの2粒の種子が向かい合ってひとつの果実に収まっているが、2粒のうち一粒が成長せず片方だけが大きくなると、丸みを帯びた豆ができる。エンドウマメのような形状なのでこう呼ぶ。

フレーバーコーヒー

コーヒー豆の焙煎後に、食品香料でココナッツやチョコレート、バニラなどの香りをつけたもの。

ブレンド

複数種のコーヒー豆を配合すること。またその粉で淹れたコーヒー。

フレンチプレス

プランジャーポット、カフェプレスとも。コーヒー粉を入れ、粉が浸るほどの湯を入れて蒸らし、その後全量の湯を注ぎ4分ほど置いてからフィルター部分を押し下げて抽出する。手軽にコーヒーが淹れられる抽出方法。

ベトナムコーヒー

フランス領時代のベトナムに伝わった金属製の組み合わせ式フィルターカップを使う。たくさんの穴があいたこのフィルターに、粗挽きした深煎りの粉と湯を入れ、カップに乗せて5～10分かけて抽出する。あらかじめコンデンスミルクを入れたカップに落とすのが一般的。

ペーパードリップ

紙製のフィルターを使う抽出方法。

【ま】

水出し

湯ではなく水を使って抽出する方法。一般には大きな砂時計のようなウォータードリッパーを用いて水を点滴状にコーヒー粉に落とし、8時間ほどかけてじっくり抽出する。この透過式のほか、麦茶のようにコーヒー粉の入ったパックを浸けておくだけの浸漬式もあり、家庭では手軽。

ミューシレージ

コーヒーの実から種子を取り出した際に、種子を覆う種皮の外側にある粘質。これを除去する方法や、除去するかどうかなどによって味わいは変わる。最も一般的な精選方法のウォッシュトでは、水洗いで取り除く。

ミル

焙煎したコーヒー豆を抽出器具に適した粒度に挽く機械。グラインダーとも。挽き方により粗さが変わり、同時に味わいも変わる。通常のドリップコーヒーの場合は中挽きよりもやや粗目程度がいい。少量を手挽きする家庭用、電動ですばやく均一に挽ける据え置き型、業務用の大型のものなど各種あり、いずれも粒度の均一性と微粉の少なさが、いい機種選びのポイントとなる。

【ら】

リーファーコンテナ

運搬用のコンテナのうち、空調設備があり定温輸送ができるもの。コーヒー生豆をコンテナ船で運ぶ場合、このコンテナであれば赤道付近などでの高温環境を避け、生豆を劣化させずに運ぶことができる。

レギュラーコーヒー

インスタントや缶コーヒーと区別する呼称で、豆から抽出して飲むコーヒーのこと。

ロースター

豆を焙煎する人と、中規模以上の卸がメインの焙煎会社の両方の意味がある。

ロブスタ種

カネフォラ種の中の代表的な種。カネフォラ種の項を参照。

おわりに

世界を巡るコーヒーの旅、いかがでしたか？

原稿を書きながら、生産国の栄枯盛衰のドラマを書いているような気になりました。コーヒー産業のターニングポイントは、１９７０年代だと思います。サビ病が、新大陸に感染しました。自走式収穫機が発明されました。過去最悪の霜害が起き、それにより未だに破られていない高値が生まれました。アンゴラが独立しその後内戦が始まりました。ベトナム戦争が終わりました。

それらの結果、サビ病耐性品種開発が急がれ、その後世界的に普及しました。自走式収穫機の導入によって畑のレイアウトや栽培種も変わり、生産量が飛躍的に伸びました。霜害後の高値で貧富の差が広がって、内戦の引き金や原因のひとつになった国があります。内戦の勃発と終戦によって、ロブスタ種の最大生産国が変わりました。

将来のコーヒー産業はどうなっているのでしょう？ ぜひ我々の子ども、そして孫たちも、美味しいコーヒーが飲み続けられる世の中であって欲しいと祈ります。

最後にこの企画を提案してくれたマイナビ出版の野村律絵さん、編集を手伝ってくれた高橋敦史さん、調整と調査をしてくれた田村康子さん、エリアナ永橋さんに心よりお礼申し上げます。

2023年8月　**José. 川島良彰**

José. 川島良彰

1956年静岡県生まれ。1975年中米エルサルバドル国立コーヒー研究所に留学。コーヒー栽培・精選を学んだのち、大手コーヒー会社に就職。ジャマイカ、ハワイ、インドネシアなどで農園開発を手掛け、マダガスカルで絶滅危惧種の発見と保全に尽力。レユニオン島では絶滅したといわれた品種を探し出し、同島のコーヒー産業を復活させるなど世界中でコーヒー栽培に携わり、「コーヒーハンター」の異名で称賛される。

2007年に同社を退職し、2008年に「本当のコーヒーの美味しさと楽しさをより多くの人々に知って欲しい」という想いをもって株式会社ミカフェートを設立。

<STAFF>

デザイン／望月昭秀・境田真奈美・村井秀・吉田美咲（NILSON design studio）
編集／高橋敦史
企画・編集／野村律絵（マイナビ出版）
校正／株式会社鷗来堂

世界を旅するコーヒー事典

2023年9月25日　初版1刷発行

著者　José. 川島良彰
発行者　角竹輝紀
発行所　株式会社マイナビ出版
〒101-0003東京都千代田区一ツ橋2-6-3　一ツ橋ビル 2F
TEL:0480-38-6872（注文専用ダイヤル）
TEL:03-3556-2731（販売部）
TEL:03-3556-2735（編集部）
MAIL:pc-books@mynavi.jp
URL:https://book.mynavi.jp

印刷・製本　シナノ印刷株式会社

定価はカバーに記載しております。

ISBN 978-4-8399-8323-9
Printed in Japan

写真提供
iStock（33,37,71,103,139ページ）